Josef Reindl

Die schwarzen Flüsse Südamerikas

Hydrographische Studie. Auf geologisch-orographischer, physikalischer und biologischer Grundlage

unikum

Josef Reindl

Die schwarzen Flüsse Südamerikas

Hydrographische Studie. Auf geologisch-orographischer, physikalischer und biologischer Grundlage

---

ISBN/EAN: 9783845743745

Erscheinungsjahr: 2012

Erscheinungsort: Bremen, Deutschland

www.unikum-verlag.de | office@unikum-verlag.de

Josef Reindl

Die schwarzen Flüsse Südamerikas

ydrographische Studie. Auf geologisch-orographischer, physikalischer und biologischer Grundlage

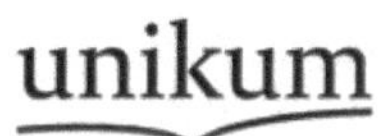

DIE SCHWARZEN FLÜSSE SÜDAMERIKAS.

HYDROGRAPHISCHE STUDIE

AUF GEOLOGISCH-OROGRAPHISCHER, PHYSIKALISCHER UND BIOLOGISCHER GRUNDLAGE.

VON

Dr. JOSEF REINDL.

MÜNCHEN
THEODOR ACKERMANN
KÖNIGLICHER HOF-BUCHHÄNDLER
1903.

Vorwort.

Vorliegende Arbeit verdankt ihre Entstehung einer Anregung meines hochverdienten Lehrers, des Herrn Prof. Dr. S. Günther in München. Sie will versuchen, das Material, das über die „schwarzen Flüsse Südamerikas“ zu verschiedenen Zeiten und in verschiedenen Ländern veröffentlicht wurde, zu sammeln und übersichtlich zusammenzustellen. Dass dieser Versuch kein leichter war, ist ohne Weiteres klar, wenn man bedenkt, dass sich die wissenschaftlichen Ergebnisse über diese Frage vielfach widersprechen und dass dieselben in fast zahllosen, in den Sprachen der verschiedensten Zungen abgefassten Büchern und Abhandlungen zerstreut niedergelegt sind. Gleichwohl glaube ich hoffen zu dürfen, dass mein Versuch kein vollständig vergeblicher und dass die nachstehende Skizze nicht ganz ohne Wert für die Förderung der Kenntnis von einer der sonderbarsten geographischen Erscheinungen sein werde.

Seinem hochverehrten Lehrer

Herrn Dr. Siegmund Günther,

ordentlichem Professor an der technischen Hochschule in München,

in Ehrfurcht gewidmet

vom

Verfasser.

Inhalt.

Einleitung.

Die erste Kunde davon, dass auf dem südamerikanischen Kontinente Flüsse von „eigentümlich schwarzer Färbung“ sich finden, brachte uns ein Spanier, Gonzalo Pizarro's Sendling, Orellana. Im Jahre 1540 fuhr derselbe als der erste Europäer den Amazonas hinab, kam bis an die Mündung des Rio Negro und beobachtete mit Staunen die fast schwarze Farbe dieses Flusses, die auch nach der Mündung in den Amazonenstrom noch stundenweit bemerkbar war.[1])

Indes, so interessant Orellana die merkwürdige Erscheinung fand, eine forschende Betrachtung hat er ihr nicht gewidmet. Auch aus den folgenden zwei Jahrhunderten sind uns eingehendere Nachrichten über dieses eigenartige geographische Phänomen nicht bekannt, und nur von Francisco Xavier Ribeiro de S. Payo wissen wir, dass er diese Frage im Anfange des achtzehnten Jahrhunderts etwas berührte.[2]) Erst Alexander von Humboldt hat die Aufmerksamkeit und das Interesse wieder auf diese rätselhafte Erscheinung gelenkt.

[1]) Ruge, S.: Geschichte des Zeitalters der Entdeckungen, Berlin 1881, S. 455 ff.; Oviedo, Hist. Gener., Madrid 1845, IV, lib. 49. [2]) „Es ist leicht zu begreifen“, schreibt Ribeiro de S. Payo, „dass das dunkle Wasser des Rio Negro ihm seinen Namen gab. Obgleich die wahre Farbe des Wassers, wenn man es in ein Glas thut, weingelb ist, so erscheint es doch bei der grossen Tiefe des Flusses wie schwarze Tinte. Ob nun diese Farbe durch aufgelöste mineralische oder vegetabilische Substanzen entstehe, dies lasse man dahingestellt.“ (v. Eschwege, „Brasilien, die neue Welt in topographischer, geognostischer, bergmännischer etc. Hinsicht“, Braunschweig 1830. II. Teil 3. Abschnitt S. 143.

In seinen „Ansichten der Natur" schreibt er anlässlich seiner Reisen im Orinokogebiete: „In dem oberen Teile des Flussgebietes, zwischen dem 3. und 4. Grade nördlicher Breite, hat die Natur die rätselhafte Erscheinung der sogenannten schwarzen Wasser mehrmals wiederholt. Der Atabapo, der Temi, Tuamini und Guainia sind Flüsse von kaffeebrauner Farbe. Diese Farbe geht im Schatten der Palmengebüsche fast in Tintenschwärze über. In durchsichtigen Gefässen ist das Wasser goldgelb[1]".) In seiner „Reise in die Aquioktial-Gegenden" gibt derselbe Forscher schon ein grösseres Ausbreitungsgebiet dieser eigentümlichen Gewässer an. „Um den 5. Grad nördlicher Breite", schreibt er, „fängt man an, sie anzutreffen, und sie sind über den Äquator hinaus bis gegen den 2. Grad südlicher Breite sehr häufig."[2]) „Die Mündung des Rio Negro," sagt er weiter, „liegt sogar unter dem 3° 9′ S. B.; aber ich weiss nicht, ob der Rio Negro seine braungelbe Farbe bis zur Mündung behält, da ihm durch den Cassiquiare und den Rio Blanco sehr viel weisses Wasser zufliesst."[3])

Humboldt ahnte zwar,[4]) dass diesen Schwarzwasserflüssen ein grösserer Verbreitungsbezirk zukomme, allein ihm selbst war es infolge seines kurzen Aufenthaltes in den südamerikanischen Tropenländern nicht möglich uns mit weiteren Beispielen von dieser eigenartigen Erscheinung bekannt zu machen. Doch da mit Humboldt eine neue Epoche in der Erforschung des südamerikanischen Kontinentes begann und an Stelle gelegentlicher Beobachtung eine auf wissenschaftlichen Prinzipien ruhende Forschung trat, so wurden durch die folgenden Forschungen auch die Nachrichten über die Schwarzwasserflüsse reichlicher und sicherer. Schon Prinz Max zu Wied-Neuwied, der 1815–1817 einen Teil des grossen brasilianischen Reiches bereiste, berichtet nämlich, dass diese potamologische Erscheinung auch im Osten und Südosten des genannten Landes ausgeprägt sei. Von den Flüssen der Provinz Bahia schreibt er z.B.:[5]) „Unweit Agá erreichten wir einen Fluss. Die Ufer diesses Flusses sind

[1]) Humboldt, A. v.: „Ansichten der Natur". Seite 127 und 128.
[2]) Humboldt, A. v.: „Reise in die Äquinotial-Gegenden", Bd. III S. 193.
[3]) Humboldt, A. v.: „Reise in die Äquinotial-Gegenden", Bd. III S. 193 und 194. [4]) Humboldt, A. v.: „Reise in die Äquinoktial-Gegenden" Bd. III S. 195. [5]) Prinz Max zu Wied-Neuwied: „Reise nach Brasilien in den Jahren 1815—1817". I. Tl. S. 174.

mit dichten Gebüschen bedeckt und sein Wasser hat eine dunkel-kaffeebraune Farbe, wie die meisten Waldbäche und kleinen Flüsse dieses Landes. Herr von Humboldt fand das nämliche am Atabapo, Temi, Tuamini, Guainia und anderen Flüssen. Nach seinem Urteil erhalten sie diese sonderbare Farbe durch eine Auflösung von gekohltem Wasserstoff, durch die Üppigkeit der Tropenvegetation und die Kräuterfülle des Bodens, auf denen sie hinfliessen." Auch zahlreiche Flüsse der Provinz Espirito Santo [1]) sowie der Provinz Minas Geraes [2]a) haben jene dunkle Färbung, die namentlich bei den in den Ozean mündenden Gewässern dem grünen Meerwasser gegenüber auffällig erscheint. „Die deutlich sichtbare Vereinigung des grünen Meerwassers mit dem dunkelschwärzlichen der Flüsse," schreibt Wied-Neuwied, „gab der Aussicht auf dem Schiffe einen besonderen Reiz.[2]b)

Spix und Martius, die 1817—1820 Brasilien durchzogen, haben uns ebenfalls eine ganze Anzahl solcher Schwarzwasserflüsse kennen gelehrt. „Man findet," berichtet Martius, „unter den Wasseranhäufungen des grossen Amazonasthales viele Gewässer, welche sogenanntes schwarzes Wasser, gleich dem des Rio Negro, führen, das in einem Glase gesehen alle Nuancen von „Hellgelb zu Bernsteingelb und Braun zeigt." [3]). Auch die Brüder Robert und Richard Schomburgk, [4]) die in der ersten Hälfte des vorigen Jahrhunderts in Süd-Amerika weilten, brachten uns die Kunde, dass der Ausdehnungsbezirk dieser „Schwarzwasser" ein viel grösserer ist, als der, den uns Humboldt bezeichnete. Richard Schomburgk schreibt darüber: „Nach den Erfahrungen, die wir eben sowohl am Takuta, wie am Rupununi, dem Demerara, wie Barima, in Bezug auf die Färbung ihrer Quellwasser gemacht haben, scheinen fast alle Gewässer Guayanas diese auffallende Eigentümlichkeit zu besitzen, und es steht demnach wohl zu erwarten, dass sich diese auch bei denen des Orinoko herausstellen wird. Alex. v. Humboldt beschränkt diese merkwürdige Thatsache auf die Länderstrecke zwischen der fünften nördlichen und zweiten südlichen

---

[1]) Wied-Neuwied, I. Teil S. 228. [2]a) u. [2]b) Wied-Neuwied, „Reise etc. etc."; I. Teil S. 301. [3]) Spix und Martius, III. Teil S. 1351. [4]) Robert Schomburgk war 1835—1838 allein, 1840—1844 mit seinem Bruder Richard in Süd-Amerika thätig.

Breitenparallele, aber die Quellwasser des Barima sind, obschon sie viel nördlicher liegen, doch noch eben so schwarz, als die des Takutu und Rupununi." [1])

Mit dem Jahre 1853,[2]) als die Amazonas-Dampfschifffahrt eröffnet wurde und dadurch auch die Erforschung des Amazonas und seiner gewaltigen Zuflüsse mehr ermöglicht war, wurde unsere Kenntnis über die grosse Ausdehnung der sogenannten Schwarzwasserflüsse noch bedeutend mehr gefördert. „Eine ganze Anzahl Amazonastributäre, wie z. B. der Tapajoz und verschiedene Puruszuflüsse", schreibt Ehrenreich,[3]) „zeigen in dicker Schicht tintenschwarze, in dünner hellbraune Färbung, die übrigens den Geschmack des Wassers durchaus nicht alteriert." Namentlich aber wurde durch die Reisen Bates', Chandless', Avé Lallemant's, welche zahlreiche andere Schwarzwasserflüsse entdeckten, unser Wissen über das Ausdehnungsgebiet dieser Gewässer auf dem südamerikanischen Kontinente bedeutend erweitert.

Die einzelnen Schwarzwasserflüsse werden wir jedoch erst später kennen lernen, ebenso ihre Erforscher. Es muss aber hiezu im voraus schon bemerkt werden, dass nur die dem Dampferverkehr zugänglichen genügend bekannt sind und dass wir von einer ganzen Anzahl selbst bedeutender Flüsse kaum mehr wissen als ihre Mündung.

Zuvor aber soll uns noch, da, wie Schichtel treffend sagt, „jedes Fluss-System die Funktion des Bodenreliefs und der Niederschlags-Verhältnisse ist",[4]) in den nächsten Abschnitten die Topographie, die Geologie und die Meteorologie dieser Flussgebiete beschäftigen.

A. Geographisch-geologische Situation.

Die schwarzen Ströme Südamerikas liegen mit kaum nennenswerten Ausnahmen auf der grossen „Brasilianischen Masse", die sich als eine alte geologische Bildung vom Orinoco-Apure im Norden bis zum Uruguay im Süden erstreckt.[5]) Seit der Faltung ihrer archäischen Grundgesteine hat diese gewaltige „Masse" keine Störung in der Lagerung ihrer Gesteinsschichten mehr erfahren, und selbst die devonischen und karbonischen Ablagerungen, also Formationsgruppen sehr hohen Alters, liegen ungestört über

---

[1]) Schomburgk Richard: II. Teil S. 102. [2]) Ehrenreich, (Verh. d. Ges. f. Erdk. z. Berlin, B. 16 Jahrg. 1889 S. 156. [3]) Ebenda S. 160. [4]) Schichtel, „der Amazonenstrom", Strassburg 1893 S. 4. [5]) Suess, Eduard, „Das Antlitz der Erde," Prag und Leipzig 1883. ff.

dem stark gefalteten Grundgebirge. [1]) Doch da dieses grosse Gebiet topographisch in mehrere Teile zerfällt, so wollen wir, um Wiederholungen zu vermeiden, sogleich die einzelnen Glieder für sich behandeln.

I. Das Bergland von Brasilien.

Dieser Teil der „Brasilianischen Masse" liegt südlich des Amazonas und östlich des Madeira. Die vertikale Gliederung dieses Berglandes ist den hydrographischen Verhältnissen entsprechend eine höchst einfache. Das durch den Paraná, den Paraguay und die Amazonastributäre reich bewässerte Binnenland ist grösstenteils flach[2]) und nur allmählich erhebt sich dasselbe nach der Küste zu, um dort ein über 300000 □ km. umfassendes Küstengebirge zu bilden, das, obwohl je nach den einzelnen Gebirgskämmen verschiedenartig benannt, doch fast in allen seinen Teilen zusammenhängt und sich bei einer mittleren Höhe von 300—700 m von der Nordküste herab bis nach Uruguay hinein erstreckt. [3]) Der am Meere hinstreichende Gebirgsrücken ist in seiner grössten Ausdehnung unter dem Namen Serra Geral bekannt. [4]) In der Provinz Rio de Janeiro tritt derselbe in Verbindung mit der von Norden her kommenden Serra Espinhaço, welche in ihren südlichen Teilen auch Sera da Matiqueira genannt wird und den bedeutendsten Gebirgsrücken Brasiliens bildet, der sich in seinen höchsten Punkten fast bis zu 3000 m erhebt. [5]) Der Gipfel des Itatiaya erhebt sich z B. 2994, der Lapa 2650, der Picos de Sao Matheo 1880 und der Itacolumy 1750 m über das Meer.[6]) Der ganze Gebirgszug zeigt namentlich am Ostabhange landschaftlich herrliche Reize und ist dicht bewaldet. Da wir nun nicht näher auf die Topographie dieses Gebirgsrückens, der übrigens noch zu den besterforschten Teilen Brasiliens gehört, eingehen können, so weisen wir auf die einschlägigen Reiseberichte eines Tschudi,[7]) Spix und Martius,[8]) Beschoren,[9])

---

[1]) Vgl. z. B. die zusammenfassende Darstellung von Sievers, Wilh. „Amerika"; Leipzig und Wien 1894 S. 59. [2]) Vogel, P. „Reisen in Mato Grosso 1887/88"; Zeitschrift der Gesellschaft für Erdkunde zu Berlin 1893 N. 4. S. 243. [3]) Vergl.: Kletke, Berlin 1857 S. 435 mit 438. [4]) Sievers, „Amerika", S. 63. [5]) Kletke, „Reise des Prinzen Adalbert von Preussen", Berlin 1857 S. 435 mit 458. [6]) Vergl. Petermann: Süd Amerika in 6 Blättern. Stieler's Hand-Atlas N 92. [7]) Tschudi „Reisen durch Brasilien". Leipzig 1889 2. Bd. [8]) Spix u. Martius, „Reise in Brasilien in den Jahren 1817 bis 1820. III. Bd., München 1823, 1828. [9]) Beschoren, „Beiträge zur näheren Kenntnis der brasilianischen Provinz São Pedro do Rio Grande do Sul", Pet. Ergänz.-Bd. 1889—90 N. 96.

Hettner,[1]) Lange,[2]) Breitenbach[3]) Avé-Lallemant,[4]) Prinz zu Wied-Neuwied[5]) etc. hin. Das Bergland des Innern, welches keinen hervorragend hohen Punkt aufweist, wird Serra dos Vertentes. d. h. Quellengebirge genannt, weil auf ihm die Wiegen vieler südlicher Nebenflüsse des Amazonas und vieler Zuflüsse des Paraguay und Paraná liegeh.[6]) Es ist ein 450 m hohes Tafelland mit aufgesetzten Tafelbergen und tiefen Flusseinschnitten.[7]) Nach Norden, Westen und Süden fällt die Hochebene zum angrenzenden tieferem Gebiete in Stufen ab, welche die zahlreichen Wasserfälle erzeugen, durch die die Schiffahrt in das Innere beschwerlich gemacht, ja sogar oft verhindert wird.[8]) Im ganzen schneidet die Linie der Wasserfälle, entsprechend dem Stufenabfall des Tafellandes, im Norden den Tocantin in 3—4°, den Tapajoz in 4—5°, und den Madeira in 8—9° s. Breite.[9]) Von Süden aus erscheint das Gebiet als Gebirge mit zerklüfteten, steilen Gehängen und Wänden.[10]) Die Binnenplateaux (chapadas) sind entweder nur mit Steppengras bedeckt oder mit niedrigem Gehölz, sogenannten „Caatingas" bestanden.[11]) Dieselben sind überall kulturfähig und im ganzen gut bewässert; nur im Nordosten des Landes trifft man ausgedehnte wasserarme, mit dürren Wäldern bestandene Ebenen, sogenannte „sertões" welche sich nicht zur Kultur eignen und sich nur vorübergehend während der Regenzeit mit frischem Grün bedecken. Auffallend kontrastieren mit diesen die mit ewig grünem Urwald (mato virgem d. h. jungfräulicher Wald) bedeckten Thäler der zahlreichen Flüsse und Bäche und verleihen den sonst so öden, einförmigen Plateaux einige Abwechslung und einigen Reiz.[12])

Welche Formen die Denudation aus der kontinuierlichen Decke herausgearbeitet hat, zeigt die anschauliche Schilderung Ehrenreichs.[13]) Er sagt: „Die Denudation hat die ursprüngliche Ebene in ein System übereinander gelagerter Terrassen verwandelt, deren Ränder, gemeinhin

---

[1]) Hettner, A., „Das südliche Brasilien", Zeitschr. der Ges. f. Erdk. zu Berlin 1891, S. 85. [2]) Lange, H., „Südbrasilien", 2. Auflage Leipzig 1888. [3]) Breitenbach, „Die Provinz Rio Grande do Sul" Sammlung von Vorträgen von Frommel u. Pfaff. [4]) 1. Avé-Lallemant, Reise durch Nord-Brasilien", 2. Bd. Leipzig 1860. 2. Avé-Lallemant, „Reise durch Süd-Brasilien," 2. Bd. Leipzig 1859. [5]) Neuwied, Frankfurt a. M. 1821. [6]) Sievers: „Amerika", S. 67 u. 68. [7]) Clauss, Pet. Mittlg. 1886 S. 130: „Bericht über die Schingú-Expedition im Jahre 1884". (Mit Karte.) [8]) Vergl. Sievers, „Amerika" S. 67—71. [9]) Suess, „Antlitz der Erde" S 656. [10]) Sievers „Amerika" S. 68. [11]) Griesebach: „Die Vegetation der Erde S. 398. [12]) Sievers „Amerika" S. 201 u. 202. [13]) Ehrenreich: Zeitschr. d. Ges. f. Erdk. z. Berlin 1891, S. 171.

mit dem ganz unpassenden Namen von Serras (Bergzügen) belegt und demgemäss auf den neuesten Karten als solche dargestellt, bald in steilen zerklüfteten Wänden, bald in sanften Gehängenabfallen. Besonders auffällig zeigt sich die Denudationswirkung in der Abtrennung zahlreicher kleiner Plateaux von der Hauptmasse. Solche isolierte Erhebungen erscheinen teils als langgestreckte bastionartige Wälle, teils als mächtig aufragende, mittelalterlichen Burgen ähnliche Tafelberge. Sie umgeben entweder die Terrassenränder, namentlich den westlichen Hauptabfall zum Thal des Cuyaba, wie die vorgeschobenen Forts einer Festung, oder erheben sich völlig zusammenhanglos mitten auf der Hochebene selbst." Charakteristisch für das Plateau sind auch dessen Quellbecken. „Dieselben sind", schreibt Clauss,[1] „muschelförmig in das Tafelland eingesenkt; ihr grösster Durchmesser kann 20 km betragen. Die Ausflussmündung ist verhältnismässig eng, so dass das Becken allseitig umschlossen zu sein scheint; zu beiden Seiten der Öffnung fällt das Plateau steil ab, das übrige Gehänge ist rings sanft geneigt. Von diesem fliessen die Wasseradern zusammen und vereinigen sich zu 40—50 m breiten Flüssen. Dieselben durchschneiden dann das Plateau in 2—3 km breiten Erosionsthälern. Auf der Wasserscheide der dicht aneinander gereihten Becken stehen gewöhnlich Tafelberge, als Überreste einer allseitig arbeitenden Erosion. Die Höhe derselben beträgt ungefähr 80 m; sie sind wegen ihrer steilen Wände sehr schwer zu besteigen. Oben auf der horizontalen Fläche dieser Berge steht wieder der kümmerliche Plateauwald. Der Rundblick von der Höhe orientiert eigentlich nur über die beiden Nachbarbecken, auf deren Wasserscheide sich der Berg befindet." Herrliche und eingehende Berichte über die Topographie dieses Gebietes geben uns namentlich noch Vogel,[2]) Karl von den Steinen,[3]) Severino da Fonseca,[4]) Castelnau[5]) u. s. w.

Ebenso einfach, wie die Oberfläsche dieses Berglandes gestaltet ist, sind auch die geognostischen Verhältnisse, wenigstens soweit dieselben bisher bekannt geworden. Das ganze Küstengebirge, welches unter dem Namen einer Serra do Mar zusammengefasst wird, gehört der Urgebirgsformation an und ist gefaltet. Gneis, Granit und verschiedene Urschieferarten bilden die Grundlagen des Gesteins.[6]) In der derselben Formation angehörenden Serra do Espinhaco, zumal an dem weiter oben genannten Berge Itacolumi in der Provinz Minas Geraes, tritt

---

[1]) Clauss: Pet. Mit. 1886. S. 131. [2]) Vogel, Zeitschr. der Ges. f. Erdk. z. Brl. Nr. 3 u. 4, Jhrg. 1893. [3]) Steinen, K. v. den: „Durch Central-Brasilien", Leipzig 1886. [4]) Fonseca, „Viagem ao redor do Brazil"; Rio 1881. [5]) Expedition dans les parties centrales l'Amérique du Sud", Histoire du voyage. Paris 1850 Bd I. [6]) Fötterle, Pet. Mittlg. 1856 S. 189.

dann auch ein elastisch biegsamer Glimmerschiefer auf, den man nach seinem Fundort Itacolumit genannt hat.[1]) Er kommt übrigens auch auf der Serra do Mar und in Verbindung mit Talk und Eisenglimmerschiefer oder Itabirit noch an vielen Stellen des binnenländischen Hochplateaus vor.[2]) Auch in Rio Grande do Sul ist nach Beschoren[3]) und Hettner[4]) das Küstengebirge noch die Fortsetzung der archäischen Sa do Mar; ja selbst in Uruguay treten die Ausläufer dieses alten Gebirgszuges noch zu Tage. Hettner schreibt:[5]) „Der südöstliche Teil von Rio Grande besteht, ebenso wie der grössere östliche Teil von Uruguay, wesentlich aus archäischen Gesteinen, Granit, Gneis, Glimmer, Hornblende, Chlorit, Thonschiefer und krystallinischem Kalk, die nur an vereinzelten Stellen von jüngeren Schichtgesteinen überlagert oder von Basalt durchbrochen werden. Die archäischen Gesteine mögen das letzte Ende des mittelbrasilianischen Faltengebirges bilden, welches hier aber seinen eigentlichen Gebirgscharakter ganz verloren hat. Ebenso wie dort an der Küste eigentliche archäische Gesteine beginnen und nach Westen etwas jüngere Schiefer folgen, so hat Sellow an den Ufern des La Plata eine ältere östliche und eine jüngere westliche Gesteinszone festgestellt.“[6])

Das Innere des Berglandes von Brasilien gehört nicht allein der Urgebirgsformation, sondern teilweise auch dem Uebergangsgebirge an, und zwar weniger der Gesteinsbeschaffenheit, als der Fossilien wegen, die daselbst gefunden werden.[7]) Unbestimmt aber ist es noch, welchen geologischen Zeitaltern die mächtigen Sandsteinablagerungen entsprechen, die sowohl im Norden, in den Provinzen Maranchão und Piauhy, als auch im mittleren Brasilien, in Mato Grosso und Goyaz und sogar im äussersten Süden auf grossen Flächen vorkommen. Dieselben enthalten keine Fossilien und lagern meist über Thonschiefer, der wieder selbst das Urgestein bedeckt.[8]) Die Meinungen über das Alter dieser Sandsteindecke gehen auseinander. Die Mehrzahl der Forscher, die den Sandstein des bras. Berglandes in der Natur schon gesehen, stellen ihn seines petrographischen Charakters wegen zum „old red“, wie v. Eschwege, v. Helmreichen, v. Castelnau. Bei dem Fort

---

[1]) „Physikalische und geologische Forschungen im Innern Brasiliens“ v. J. Chr. Heusser u. Claraz, Pet. Mittlg. 1859 S. 447 u. 453. [2]) Fötterle, „Die Geologie v. S. A.“ Pet. Mittlg. 1856 S. 190. [3]) Beschoren, „Rio Grande do Sul“ Pet. Erg.-Hft. 1889/90 Nr. 96. [4]) Hettner, „Das südl. Brasilien“. (Zeitschr. d. Ges. f. Erdk. 1891 S. 91.) [5]) Ebenda: S. 91. [6]) Siehe auch: „Burmeister's Reise in Uruguay“ 1856, Pet. Mittlg. 1857. [7]) Ammon, L. v., Devonische Versteinerungen aus Mato Grosso,“ Zeitschrft. d. Ges. f. Erdk. z. Brl. 1893 Nr. 5 S. 352. [8]) Suess, Eduard, „Das Antlitz der Erde“ S. 657.

do Principe do Beira am Guapore trifft jedoch die Bestimmung d'Orbigny's von Kohlensandstein mit demselben zusammen; in der Provinz Piauhy und Maranhâo, beschrieben von Spix und Martius, soll er jedoch zum Quadersandstein gehören. Demnach wird wohl der Sandstein auf dem bras. Berglande nicht überall gleichalterig sein, und schon die grosse Lücke zwischen der O.-Sandsteindecke (S. Franzisko-Tocantius) und der Westsandsteindecke (Mato Grosso und Goyaz) dürfte, sagt Schichtel,[1]) „eher eine Andeutung sein, dass wir es hier mit äusserlich ähnlichen, genetisch aber verschiedenen Bildungen zu thun haben."

Nach Süden fällt die Sandsteindecke steil zur Niederung des Guapore, des Paraguay und des Cuyaba ab. Dieser Plateau-Absturz bildet die Wasserscheide zwischen Tapajoz und Xingú einerseits und dem Guaporé- und Paraguay-System andererseits.[2]) Nach Westen zu geht die Sandsteinzone allmählig in die Madeira-Platte über; wie weit sie sich aber in der Richtung des Tapajoz und Xingú nach N. erstreckt, ist noch unbekannt, weil wir in dem ganzen weiten Gebiete zwischen Araquay im O. und dem Madeira im W. nur die Hauptflussläufe kennen, die sich schon sehr frühzeitig im Urgebirge bewegen. Der Tocantins-Araguay ist nach Castelnau und Ehrenreich schon unter 15½° S. B. in Gneis und kristallinische Schiefer, der Xingú unter 13½° S. B. nach Clauss, Vogel, von den Steinen in Granit der Arinos nach Chandless unter 11° 38′ S. B. ebenfalls in Granit und der Madeira nach Keller-Leutzinger unter 10° 58′ S. B. in Gneis eingebettet.

Wo das Urgebirge im Berglande von Brasilien nicht von der erwähnten Sandsteindecke überzogen ist, ist es meist von Diluvium bedeckt, das grösstenteils aus Verwitterungsprodukten der archäischen Gesteine besteht. Dieses angeschwemmte Gebirge ist die Fundstätte von Diamanten und Gold, auf deren Verbreitung und Ausbeute wir nicht näher eingehen können. Wir weisen deshalb auf die Werke von Eschwege,[3]) Helmreichen,[4]) Clemençon hin,[5]) die darüber in eingehender Weise Auskunft geben.

Am Nordrand des bras. Berglandes sind dem Urgebirge nach Norden einfallende Thoschiefer aufgelagert, deren Alter am Tocantins nach Castelnau devonisch sein soll. Da das Devon auch westlich von Monte Alegre auf der Südseite des Amazonas mitten aus den Alluvionen

---

[1]) Schichtel, „Der Amazonenstrom" S. 18. — Vergl. auch: Suess: „Das Antlitz der Erde"; S. 657. [2]) Clauss, Pet. Mittlg. 1866 S. 130. [3]) Eschwege, W. v., „Pluto Brasiliens". Berlin 1833; — „Brasilien, die neue Welt"; Braunschweig 1830, II. Tl. [4]) Helmreichen, v., „Ueber das geognostische Vorkommen der Diamanten etc. Weimar 1846. [5]) Clemençon, „Considerations abrégées sur la Geognosie du District des Diamants du Brasil", Lyon.

des genannten Stromes hervortritt,[1] so dürfte diese Formation einst zusammengehangen haben mit der gleichen devonischen Bildung im Norden des Amazonas, die längs einer silurischen Zone dort gegen W. bis an den Uatuma, einen kleinen Fluss zwischen Trombetas und dem Rio Negro, hinstreicht. Auch Carbonablagerungen sind am Nordrande des bras. Berglandes gefunden worden, namentlich am Tapajos, und sie breiten sich nach Suess wahrscheinlich vom Tocantins bis zum Madeira aus.[2] Da wir auf diese palaeozoischen Zonen später noch zurückkommen, so sehen wir von einer näheren Erörterung vorerst ab und betrachten nun zunächst die „brasilianische Masse" im Norden des Amazonas.

II. Die „bras. Masse" nördlich vom Amazonas.

Das ganze Gebiet am mittleren und oberen Rio Negro, am Atabapo und Cassiquiare ist nach Wallace ein breites Granitgebiet, das sich durch seine Söhligkeit (Horizontalität) auszeichnet[3] Diese Ebenheit erklärt uns sofort die geringe Strömung und die zahlreichen Bifurkationen und Stromvermischungen der dortigen Gewässer. Von einer scharf ausgeprägten Wasserscheide zwischen Rio Negro- und Orinocosystem, wie sie Humboldt[4] glaubte annehmen zu müssen, kann daher nicht die Rede sein, denn am oberen Ynirida, Guainia und Yaubes bilden nur gruppenweise Erhebungen die wasserscheidende Schwelle, während tiefe Thäler eine Vermischung der dortigen Gewässer, namentlich zur Regenzeit, bewerkstelligen.[5] Höhenmessungen über einzelne Punkte in diesem Gebiete sind uns von Humboldt, Wallace, Montolieu etc. gegeben,[6] allein dieselben sind so abweichend von einander, dass wir sie lieber nicht anführen, da sie mehr verwirren, als förderlich sind. Im grossen und ganzen erhebt sich das ganze erwähnte Gebiet nicht viel über 300 m über das Meer und nimmt von Westen nach Osten allmählig an Höhe zu. Zugleich wird es im Osten des Rio Negro von einer Sandsteindecke überlagert, wodurch die Landschaft ein ganz anderes Aussehen als am Guainia, Yaubes und Ynirida erhält. Diese Sandsteindecke führt uns auch zugleich auf die Betrachtung des eigentlichen Berglandes von Guayana, das ebenfalls „das Mutterhaus" zahlreicher schwarzer Ströme ist.

Schon die Serra Imeri und die Serra Tapiira peco, die westlichsten Ausläufer der Serra Parima, gehören nach den Ergebnissen der

[1] Suess; „Antlitz der Erde"; S. 659 Bd. II. [2] Ebenda S. 659 [3] Wallace: „Travels on the Amazon and Rio Negro" 421. ff. S. [4] Humbdt. etc.: „Ansichten d. Natur". S. 27. [5] Deutsche Rundschau, Heft 4, S. 176. [6] Schichtel, „Der Amazonenstrom" S. 21.

bras.-venez. Grenzkommission der Sandsteinformation Guayanas an.[1]) Länge, mit schwarzem Wald bedeckte Bergzüge von teils runden Formen, teils schroffen Felsen, bilden diese Gebirgslandschaft zwischen Orinoco- und Rio Negro-System.[2]) Vom Pacaraima-Gebirge schreibt Rich. Schomburgk,[3]) dass es ein kahler Gebirgszug sei, der von Westen nach Osten streiche und bis zu 600 m Höhe habe. Nach den Berichten der bras.-venez. Grenzkommission besteht es aus scheinbar regellos durcheinandergeworfenen Höhenzügen und hat in seinen höheren Teilen Savannen-Charakter.[4]) Coudreau bestätigt das.[5]) Östlich vom Rio Branco bis zum Essequibo liegt mit südlicher Streichrichtung die Sa. da Lua oder das Mondgebirge, „ein breiter Gebirgszug von starken Schluchten durchschnitten und in ebenso viele besondere Massive getrennt.“[6]) Diese erwähnten Höhenzüge bilden nun vom Rio Negro bis zum Essequibo die Hauptwasserscheide zwischen dem Amazonassystem im Süden und dem Orinoco- und Essequibosystem im Norden. Unterbrochen wird diese Wasserscheide nur zwischen dem Mahu und dem Rupununi, auf einem flachen Granitgebiet, wo zur Regenzeit eine Wassermischung zwischen diesen zwei letztgenannten Strömen stattfindet.[7]) Südlich der Hauptwasserscheide, zwischen Rio Negro im Westen und Trombetas im Osten bis zur Amazonasrinne im Süden, ist das Gebiet wenig erforscht. Nur einzelne Flussläufe sind bekannt, und diese meist nur oberflächlich. In geologischer Beziehung ist auch hier die Sandsteinformation vorherrschend, die dem Medina-Sandstein der Niagaragruppe in Nordamerika entsprechen und obersilurisch sein soll. Ausserdem kommt das Devon hier in beträchtlicher Entwickelung vor und zwar längs der genannten silurischen Zone gegen Westen bis zum Uatuma, einem kleinen Fluss zwischen dem Trombetas und dem Rio Negro.[8]) Das Gebiet nördlich der genannten Hauptwasserscheide wurde durch Brown,[9]) Thurn[10]) und Schomburgk[11]) bereist, gleichwohl aber kennt man auch dort nur die Flussläufe und darüber hinaus nur einige Routen. Auch hier lagert über dem alten Urgebirge die schon erwähnte Sandsteindecke, die Martin[12]) für cretacisch, gleichalterig mit den aufgefalteten cretacischen Sandsteinen der Cordillere von Merida

---

[1]) Zeitschrft. d. Gesellsch. f. Erdk. z. Brl. 1887 S. 3. [2]) Ebenda S. 3. [3]) Schomburgk, Rich.; „Reisen in Britisch-Guayana.“ Bd. I. S. 381; Bd. II S. 189. [4]) Zeitschrft. d. Gesellsch. f. Erdk. z. Brl. S. 4. [5]) La France équinoxiale Bd. II S. 7. [6]) Sievers „Amerika“ S. 74. [7]) Rich Schomburgk, Bd. I S. 393. [8]) Suess; „Das Antlitz d. Erde;“ S. 659. [9]) Proceedings of the R. G. S. of London; Vol. XV. No. 2. [10]) Thurn und Perkins; Proc. R. G. S. 1885 m. Karte. [11]) Rich. Schomburgk; „Reisen in Britisch-Guayana,“ II. Bd. Leipzig 1847. [12]) Martin; „Niederland.-Westindien“, Leiden 1888 Bd. II. S. 208.

hält. Der Landschaftscharakter ist hier ebenfalls ziemlich gleichartig. „Am meisten“, schreibt Sievers, [1]) „fällt der Wechsel weiter Thäler und in Tafelberge aufgelöster Höhenzüge auf, die auch noch dadurch einen Gegensatz in die Landschaft bringen, dass sie bewaldet sind, während die breiten Thalgründe meist von Savannen eingenommen werden, die dann wieder durch Waldstreifen längs der Flussufer unterbrochen sind. Auf den Savannen stehen nur vereinzelte Bäume, während kurzes Gras den Boden bedeckt, der stellenweise auch ganz von Vegetation entblösst ist. An anderen Stellen sind die Savannen mit den Bauten einer Termite in Form einer 2 m hohen Pyramide bedeckt, und hier und da weiden Heerden von Rindern und Pferden. In der Regenzeit bilden die Savannen weite Überschwemmungsgebiete, über die man von der Nordküste nach dem Amazonas gelangen kann. Wahrscheinlich ist dadurch die Mythe von dem grossen See Parima entstanden, in dessen Fluten sich der Dorado waschen sollte.“

Da im Westen des Essequibo die gewaltigen Sandsteinauflagerungen, welche im Osten davon noch nicht gefunden wurden, besonders hervortreten, so kann dieser Strom als eine geologische Scheidelinie gelten, die eine Zweiteilung Guayanas in dieser Beziehung bedingt. Aber auch in orographischer Hinsicht ist der Essequibo eine Scheidelinie. Er bildet die Grenze zwischen dem höheren venezolanischen Westen und dem niedrigeren, europäischen Nationen gehörenden Osten.

Wie oben erwähnt, fehlt im Osten des Essequibo die grosse Sandsteindecke und die alte archäische Masse tritt wieder zu Tage. Auch in diesem östlichen Teile ist die Hauptwasserscheide nach Süden verschoben, ja sie liegt sogar 3 Breitengrade dem Äquator näher, als die westliche. Sie beginnt als Sa. Acarai am Essequibo und zieht zuerst in nordöstlicher Richtung bis zu den Quellen des Corentyn. [2]) Auf dieser Strecke ist sie einmal unterbrochen, indem im Quellgebiet des Trombetas zur Regenzeit eine Verbindung (Bifurkation) zwischen Essequibo und Trombetas möglich ist. [3]) Nach Schomburgk [4]) ist dieser Teil von geringer Höhe und dicht bewaldet. Östlich des Corentyn bildet die Wasserscheide das Tumac-Humac-Gebirge, das Crevaux [5]) und Coudreau [6]) zum Teil bereist haben. Dieser Gebirgszug besteht aus drei mehr oder minder mit einander und mit der Küste gleichlaufenden und deutlich nach Ostsüdost gerichteten Hauptketten, welche insgesammt etwa eine Länge von 300 km, eine Breite von

[1]) Sievers „Amerika“. S. 72. [2]) Siehe die Karte von „Britisch-Guayana“, Rich. Schomburgk. I. Tl. [3]) Coudreau, Bd. II S. 271 u. 290. [4]) Rich. Schomburgk, Bd. II S. 475. [5]) Crevaux, „voyages dans d'Amerique du Sud.“ Paris 1883. [6]) Coudreau, Bull. S. G. Paris 1891 S. 447 ff.

100 km und einen Flächenraum von 30000 qkm haben. Die grösste (absolute) Höhe übersteigt nicht 800 m und steigt allmählig von Osten nach Westen an.[1]) Nach Velain[2]) ist es ein breiter Granitzug, der dicht bewaldet ist.

Südlich von dieser östlichen Hauptwasserscheide bis zum Amazonas-Alluvialland besteht das Gebiet aus flach-einfallenden Thonschiefern, Sandsteinen und Graniten.[3]) Es sind dies dieselben geologischen Schichten, die wir auch südlich der westlichen Hauptwasserscheide zum Teil erwähnt haben und die also ununterbrochen fast bis zur atlantischen Küste reichen. Am Trombetas und an den kleinen Flüssen zwischen Trombetas und Paru fand Derby[4]) auch fossilführende Schichten, die anscheinend den versteinerungslosen Schiefern, die Crevaux am Yary und Paru fand, aufgelagert sind. Selbst Carbonablagerungen fehlen hier nicht.[5]) Diese streichen an der Nordseite des Amazonas gegen Osten wenigstens bis Prainha, erreichen bei Alemguer das Strombett selbst und erstrecken sich gegen Westen auch bis mindestens an den Uatuma.

Das Gebiet nördlich der östlichen Hauptwasserscheide senkt sich langsam zum Atlantischen Ozean. Sievers schreibt darüber: „Die inneren Teile von Französisch-Guayana liegen etwa 200—400 m hoch und stellen sich als ein ebenes Land mit zerstreuten Gipfeln dar, die 800 m nicht übersteigen, während die der Küste näheren Landschaften auch in ihren Spitzen 400 m nicht mehr erreichen und im Ganzen nur 100—200 m hoch liegen. Über das südliche Niederländisch - Guayana wissen wir nichts näheres, über den Südosten von Britisch-Guayana wenig, doch darf man annehmen, dass auch hier ein langsamer Abfall des Landes von der Wasserscheide nach den Atlantischen Ocean stattfindet.[6]) Nach Joest jedoch ist der Übergang vom Hochland in das alluviale Küstengebiet in ganz Guayana ein ziemlich unvermittelter,[7]) was auch schon daraus hervorgeht, dass wir bei allen mächtigen Flüssen dort, die im Hochland entspringen, um in nördlicher Richtung nach dem Atlantischen Ozean zu strömen, den Lauf in ziemlich gleicher

---

[1]) Deutsche Rundschau, Wien, Jahrgang 1894. S. 270. [2]) Esquisse, geol. de la Guyane francaise et des bassins du Parou et Jary, Bull. Soc. Geogr. 7. Ser. T. 6. 1885. S. 453. [3]) Crevaux, Voyages, S. 205. [4]) Derby, Contribution to the Geology of the lower Amazonas. American Philos. Soc. Vol. 18. 1878—1880. S. 155 ff. [5]) Suess „Antlitz der Erde". Bd. II S. 659. [6]) Sievers „Amerika". S. 74. [7]) Joest W.; „Guayana im Jahre 1890." (Verhandlg. d. Ges. für Erdk. z. Brl. Bd. 18 S. 391.)

Entfernung von der Küste durch Wasserfälle und Stromschnellen unterbrochen finden. Das Küstenland selbst liegt beinahe tiefer als die Niveaufläche des Meeres bei Hochflut und täglich sieht man hier, durch die 12 Stunden dauernde Flut hervorgerufen, die Ströme 15—20 Meilen stromaufwärts fliessen.[1]) Nach den Reiseberichten Schomburgk's, Kaplers und Joest's ist dieses Gebiet von Urwald und Savannen bedeckt und der ganze Verkehr ist dort auf den Wasserweg angewiesen. Das Materiel zu den mächtigen Anschwemmungen wurde grösstenteils durch die Küstenströmung von der Amazonasmündung hergetragen;[2]) allein auch die Ströme Guayanas liefern nach Joest, zumal zur Regenzeit, dem Meere ebenfalls ganz unberechenbar viel Erdmassen.[3]) Diese Sedimente wurden dem Golf von Darien zu abgelenkt,[4]) wodurch eine eigentümliche Küstenbildung entstand, die Supan als eine Ausgleichsküste bezeichnet.[5]) Ob diese Alluvialbildung an der Küste Guayanas immer noch wächst, muss durch eingehende Forschung erst noch festgestellt werden, zumal Joest an einzelnen Orten daselbst ein Zurückweichen des Festlandes zu bemerken glaubte;[6]) doch dürften diese einzelnen von Joest betrachteten Fälle vorerst mehr auf Sackung oder auf andere mechanischen Veränderungen, als auf säkulare Senkungen zurückzuführen sein.[7])

III. Die Amazonas-Niederung.

Treffend hat Derby[8]) das ungeheure Thal des Amazonas mit der Gestalt einer Flasche verglichen: Der Hals der Flasche ist die grosse Mulde, die zwischen dem Berglande von Brasilien und dem Hochlande von Guayana liegt; die Seitenwände werden gebildet durch die Bodenanschwellungen, die zwischen Amazonas- und Orinocosystem einerseits und ersterem und Paraguaysystem andererseits liegen; den Boden der Flasche endlich bilden die Ost-Cordilleren Peru's und Ecuador's. Von Westen nach Osten senkt sich diese gewaltige Niederung auf einer Strecke von 3000 km kaum 180 m,[9]) also nur ungefähr 0,04 m per km.

---

[1]) Hann, Klimatologie S. 368. [2]) Hermann Wagner, „Lehrbuch der Geographie," Hannover u. Leipzig 1900 S. 414. [3]) Joest, etc., Verhandlg. d. Ges. f. Erdk. z. Brl. Bd. 18 S. 393. [4]) Sievers „Amerika", S. 45. [5]) Supan, Grundzüge der phys. Erdk. S. 578. [6]) a. a. O. S. 395 [7]) Sievers, „Amerika". S. 333. [8]) Derby, phys. Geogr. u. Geol. Brasiliens. [9]) Sievers, „Amerika"; S. 81.

Einige Höhenmessungen sind von W. nach Ost:

Ort	Spix u. Martius[1]	Orton[2]	Reiss u. Stübel[3]
	m	m	m
Pebas		105	
S. Antonio		78	
Loreto			44
Mündung d. Javary	205	77,6	56
S Paulo d. Olivenza	202		
Tocantins		42	
Fonte Boa	195		
Egas (Teffé)		30	46
Manaos	170	60	34
Serpa		48	
Obidos	136	34,8	20
Santarem	112	32,6	
Gurupa	82	11,6	

Bei den obigen Zahlenreihen fällt sofort die erhebliche Differenz zwischen den Messungen von Orton und Stübel-Reiss einerseits und den Beobachtungen von Spix und Martius andererseits auf, ferner bei den Messungen Ortons und Stübel-Reiss' die Zunahme der Höhenzahlen an verschiedenen Stellen mit fallendem Fluss. Schuld an diesen abweichenden Resultaten ist ohne Zweifel das habituelle Luftdruckminimum am oberen Amazonas, das schon Herndon bei seiner Thalfahrt konstatierte.[4])

Bedeutender als der Abfall von W. nach O. ist die Senkung der Amazonastiefebene vom Berglande von Guayana aus zur Stromrinne des Amazonas. Die Niederung fällt hier auf einer Strecke von ungefähr 600 km fast 150 m. Nach Coudreau[5]) liegt z. B. die Konfluenz der beiden Quellflüsse am oberen Trombetas 132 m, der Wasserfall Porteira 28 m und Oriximina 15 m über dem Meere. Weiter im Westen ist dagegen die Senkung von N. nach S. etwas geringer. Die Jaryhana-Fälle des Japura liegen nämlich 140 m, Pebas am Amazonas, fast unter dem gleichen Meridian, aber 250 km südlicher, 105 m hoch.[6]) Ebenso ist der südliche Teil der westlichen Amazonasniederung flacher als der östliche, von S. nach N. einfallende Muldenflügel. So beträgt

[1]) Spix u. Martius, Bd. III. Anhang S. 40. [2]) Amer. Journal II. Ser. Bd. 46. S. 203. [3]) Pet. Mittlg., 1887 p. 44. [4]) Herndon, Exploration of the Valley of the Amazon. Washington 1853—54. S. 261. [5]) Pet. Mittlg. 1900 S. 130. [6]) Stielersche Karte: „Süd-Amerika"; Blatt 90.

die Meereshöhe bei der Mündung des Aquiry in den Purus, 1772 km von der Mündung entfernt, 111 m,[1]) bei der Vereinigung des Purus mit dem Amazonas 58 m, am Tapajoz dagegen beim Cach. de Maranhao 173 m, bei Santarem 30 m.[2])

Auch von diesem gewaltigen Tieflande ist nicht viel mehr erforscht als die Ufergegenden der grösseren Flüsse. Urwälder breiten sich hier in einer Ausdehnung aus, wie sie in anderen Gegenden der Erde nicht mehr gefunden werden. Vom Fusse der Anden bis zum Rio Negro und Madeira bedeckt der Wald die ganze Niederung.[3]) Ebenfalls scheint er nach Osten sich ununterbrochen fortzusetzen bis zum Trombetas, wo dann ausgedehnte Campdistrikte die Oberherrschaft gewinnen. „Die Nähe der Campregion", schreibt Ehrenreich, „die hier den Urwald an verschiedenen Stellen durchbricht und nach Norden zu sich wahrscheinlich bis zu den Savannen des inneren Guayanas erstreckt, macht sich allenthalben im Osten bemerkbar. Inmitten der höchstämmigen Wälder erscheinen plötzlich weite Lichtungen mit der charakteristischen Campflora, den niedrigen, gewundenen, kronleuchterartig sich ausbreitenden Bäumchen mit weicher, dicker, rissiger Rinde, steifen, rauhen Blättern, dichten Hecken, stachelicher Bromelien, kleinen kugeligen Cacteen, Zwergpalmen und dürren Gräsern."[4]) Das ganze Gebiet zwischen Trombetas und Paru[5]) sowie ein grosser Teil der Inseln Marajon[6]) und Mexiana[7]) gehören diesen Camp-Regionen an. Auch Santarem liegt inmitten eines Camp-Distriktes.[8])

Die Ströme, die sich in dieser grossen Ebene bewegen, werfen sämtlich ihre Wassermasse dem Amazonas zu, der die Niederung von W. nach O. durchzieht. Sämtliche Flüsse tragen hier denselben Charakter eines in unzähligen Schlingen sich windenden Laufes und niederer, während eines grossen Teils des Jahres vom Hochwasser überfluteter Ufer. Namentlich für die Gewässer westlich vom Madeira und Rio Negro sind die fortwährenden Veränderungen des Stromlaufes charakteristisch. Ehrenreich schreibt hierüber:[9]) „Vom hohen Ufer der terra firma, dem Rest jenes alten Meeresbeckens, werden unge-

---

[1]) Schichtel: „Der Amazonenstrom". S. 90. [2]) Stielersche Karte: „Süd-Am."; Bl. 90 u. 91. [3]) Martius S. 1271, 1272. — Orton S. 393; — Bates S. 274; — Ehrenreich, (Verhdlg. d. Ges. f. Erdk. z. Brl. 1890 S. 156.) — Deutsche Rundschau 17. Jhrg. 1895 S. 205. — Wallace, Journ. R. G. S. 1858. Bd. 23 S. 212. — Keller-Leuzinger, „Vom Amazonas u. Madeira;" S. 76—78. [4]) Ehrenreich, etc.; Verh. d. Ges. für Erdk. z. Brl. 1890 S. 159. [5]) Coudreau, „La France equinoxiale". Siehe Karte. [6]) Bates, S. 91. [7]) Wallace travels S. 86. [8]) Griesebach S. 379. — Ehrenreich, a. a. O. S. 159 u. 160. [9]) Ehrenreich, a. a. O. S. 163.

heure Massen durch Unterspülung abgeschwemmt und geben an Biegungsstellen Material für mächtige Alluvialbildungen, die schliesslich die Ströme aus ihrer Bahn ablenken und zu neuen Volten nötigen. Es entsteht so ein labyrinthisches Kanalsystem, das die Flüsse in ihrem ganzen Laufe begleitet, die sogenannten Igarapés, die aber auch weit in die Terra firma eingreifen. Wird nach Bildung einer neuen Biegung der Eingang oder Ausgang einer alten verlegt, so bildet sich an ihrer Stelle eine bogenförmige Lagune, die durch kleine „Furos" mit dem Hauptflusse in Verbindung bleibt. Beiderseits wird ein solcher Fluss von einem ganzen System solcher Lagunen eingefasst, wie dies im kleinen Massstabe auch bei europäischen Flüssen, z. B. dem mittleren Rhein der Fall ist. Derselbe Prozess wiederholt sich bei den Nebenflüssen; es bilden sich Kommunikationen zwischen diesen und den Tributären des Parallelstromes, so dass schliesslich ein Fluss mit dem andern in Verbindung steht."

Die geologischen Verhältnisse dieser grossen Niederung sind heutzutage so ziemlich aufgeklärt. Schon bei der Betrachtung der Bergländer Brasiliens und Guayanas haben wir erwähnt, dass im östlichen Teile der Niederung sich paläozoische Formationen diesseits und jenseits des Amazonas dem Strome nähern. Nach Suess bilden diese paläozischen Ablagerungen eine symmetrische Mulde, deren Mitte die Carbonschichten einnehmen.[1]) Eine Ueberflutung mag hier bis zur Kreidezeit dann nicht mehr stattgefunden haben; denn bis zur cretacischen Formation besteht hier eine ausserordentliche Lücke in den Sedimenten. Zur Kreidezeit aber war die ganze Amazonasniederung (auch die Niederung westlich der paläozoischen Mulde, wo ältere Formationsglieder als Kreide nicht zu Tage treten) von einem gemeinsamen Kreidemeer überflutet. Es ist ein grober Sandstein, der hier überall abgelagert wurde und in der Nähe von Erevé bis M. Alegre,[2]) an den Flüssen Maué-assu, Abacaxis und Canuma,[3]) am Madeira, Aquiri und oberen Purus,[4]) unterhalb Tunantins am mittleren Amazonas[5]) und am „Marona Rock", unterhalb der Mündung des Rio Negro[6]) zu Tage tritt. Auch tertiäre Sandsteine sind in der grossen Niederung gefunden worden, jedoch nur an einzelnen Orten. Sie scheinen nicht gleichmässig über die ganze Niederung verbreitet zu sein.[7])

Ueber die Agassiz'sche Hypothese,[8]) dass in der Quartärzeit das grosse Thal eine ungeheuere Glazial-Zeit aufzuweisen hatte, dürfen

[1]) Suess, „Das Antlitz der Erde"; S. 659. [2]) Suess etc.; S. 638. [3]) Chandless. Journ. R. G. S. 1870 S. 421. [4]) Jour. R. G. S. Bd. 36 Jahrg. 1866. — Pet. Mittlg. 1867 S. 262. [5]) Bates, „Der Naturforscher" etc." S. 391. [6]) Amazon River, Blatt 6. Hydrographical Office. Washington 1890. [7]) Suess, „Antlitz der Erde"; S. 660. [8]) L. Agassiz, A. Journey in Brazil, Boston 1875 S. 398 ff.

wir hinweggehen, da sie bereits durch die Untersuchungen von Hartt,[1]) Keller-Leuzinger,[2]) Barrington Brown[3]) u. A. widerlegt ist. Auch die Orton'sche[4]) Annahme der Existenz eines ruhigen Binnensees zu dieser Zeit ist schon veraltet und bedarf keiner eingehenden Erörterung mehr. Dagegen ist eine positive Strandverschiebung, eine Senkung der Schichten in der Quartärzeit, wie die amerikanischen Geologen sie annehmen,[5]) wonach das Meer in die paläozoische Mulde eintrat und durch seine Tidenströme die Mündungen der in diese Mulde eingehenden Flüsse erweiterte, worauf dann gleichzeitig von W. her eine Zuschüttung des Meeresarmes durch die Sedimente des vorhandenen Hauptstromes erfolgte, nicht ohne Weiteres von der Hand zu weisen. Wenigstens für das Gebiet des unteren Amazonas werden die Anschauungen dieser Geologen den dortigen Erscheinungen gerecht,[6]) aber für das ungeheure Flachland westlich der paläozoischen Mulde dürfte die Hypothese nicht annehmbar sein, denn hier haben sich der Amazonas und seine Nebenflüsse in tertiäre Thone eingegraben, deren Lagerungsverhältnisse beweisen, dass sie nicht aus fliessendem Wasser abgesetzt sind. Hartt[7]) und Brown[8]) gaben wohl die richtigste Erklärung über die geologischen Verhältnisse des Amazonasthales seit der Kreidezeit. Ausser dem schon erwähnten tertiären Sandstein wurden nach Hartt und Brown auch blaue Thone abgelagert, die fossilführend sind und durch ihre normale, meist horizontale Lagerung auf Absatz an einem ruhigen Wasser, in das zahlreiche Ströme mit viel vegetabilischem Material mündeten (häufige Lignit-Streifen zwischen den Thonschichten), hinweisen. Brown glaubt, die Thone könnten die obersten Glieder einer Schichtreihe sein, die in ähnlicher Weise, wie die Schichten unserer Deltas, abgelagert wurde (die Fossilien sind Süss- und Brackwasser-Mollusken). Neben diesen blauen Thonen liegen nun — aber scharf von ihnen durch unregelmässige (falsche) Schichtung, die auf Ablagerung aus fliessendem Wasser hinweist, getrennt — die

[1]) Hartt, American Journal of Science, 3 Ser. Vol. 4 S. 53.
[2]) Keller-Leuzinger, „Vom Amazonas u. Madeira," S. 38 u. 39.
[3]) Barrington Brown, „On the tertiary" Deposits-on the Solimoes and Javary" River, Quart. Journal. Geol. Soc. London. Vol. 35. 1879 S. 76.
[4]) The Andes and the Amazon, 3. Aufl. New-York 1876 S. 551.
[5]) Smith, Brazil, Brooklyn 1879, Appendix. — Derby, Proc. American philos. Soc. Philadelphia Vol. 18. 1878—80. [6]) Ihre Anschauung stützt sich auf den Umstand, dass die sedimentarmen Nebenflüsse des Amazonas innerhalb der paläoz. Mulde weite Mündungen haben, die in keinem Verhältnis stehen zu ihrer Wassermasse. [7]) Hartt, American Journal of Science, 3. Ser. Vol. 4. S. 53.[8]) Barrington Brown, „On the tertiary" Deposits on the Solimoes and Javary River, Quart. Journal. Geol. Soc. London. Vol. 35. 1879 S. 76.

bunten Thone, welche ununterbrochen von den Anden bis zum Atl. Ozean streichen. Ueber diesen Thonen folgen dann endlich jüngere Flussablagerungen des Amazonas, wie Sande, feine Thone etc., eine Bildung, die dem Laterit Afrikas ähnlich zu sein scheint. Namentlich in der grossen Amazonasdepression westlich des Rio Negro und Madeira ist die letztere Bildung ausgeprägt. „Ein anstehender Stein ist dort," sagt Ehrenreich,[1]) „eine Naturmerkwürdigkeit." „Der von den Anden heimkehrende Bewohner dieses Flachlandes beladet" nach Pöppig[2]) „seinen Kahn mit dem festen Gestein des Gebirges, das zum Schleifen von Werkzeugen und zum Mahlen von Mais bis zur brasilianischen Grenze verführt wird."

B. Klimatologisches.

Während wir aus dem Innern Afrikas ganzjährige meteorologische Aufzeichnungen besitzen, ist dies vom Innern Südamerikas nicht in gleicher Weise der Fall, obgleich dasselbe civilisierten Staaten angehört. Wir sind deshalb auf die Berichte der Reisenden angewiesen, wenn wir uns von den dortigen Wind- und Regenverhältnissen eine Vorstellung machen wollen. Da aber diese Berichte grösstenteils nur auf vorübergehend angestellten Beobachtungen und Messungen beruhen, so ist ohne Weiteres klar, dass unsere meteorologischen Kenntnisse über diese Gebiete noch auf ziemlich schwachen Unterlagen beruhen.

Das betrachtete Gebiet gehört nach der Einteilung der Erde in Klimaprovinzen von Köppen,[3]) die vorzugsweise auf die Vegatation Rücksicht nimmt, dem Lianen- und dem Baobabklima an, einzelne Theile auch dem Camellien und Hochsavannenklima. Das Lianenklima, das eigentliche Urwaldklima, ist hauptsächlich in der gangen Amazonasniederung und auf der Seeseite der Sierra do Mar bis zum Wendekreis des Steinbocks ausgeprägt. Die jährliche Regenmenge ist hier sehr gross, eine Trockenzeit fehlt oder sie

---

[1]) Ehrenreich, Verhdlg. d. Ges. f. Erdk. z. Brl. 1890 S. 159.
[2]) Pöppig, Reisen in Chile, Peru u. auf dem Amazonas, Leipzig 1831 S. 340. [3]) Köppen, Versuch einer Klassifikation der Klimate vorzugsweise nach ihren Beziehungen zur Pflanzenwelt." Leipzig 1901 S. 23 bis 29.

ist doch höchstens nur 2 Monate lang. Ebenso fehlt eine Jahresschwankung der Temperatur fast ganz. Der Unterschied zwischen dem wärmsten und kältesten Monat beträgt nur 1 bis 6° C., wie uns Hann in seiner Tabelle „Temperaturmittel für Guayana und Brasilien" zeigt.[1]) Hochstämmige Urwälder von höchst mannigfaltiger Zusammensetzung, von Lianen und Epiphyten durchweht, kennzeichnen diesen ungeheuren Bezirk. Ein anderer Theil unseres Gebietes weist das Baobabklima, das typische Savannenklima, auf, das namentlich auf dem bras. Bergland südlich vom Amazonas bis zum 24 s. B. in seiner westlichen, und bis zur San Franciscoquelle in seiner östlichen Ausdehnung dominiert. Auch in Venezuela und in Britisch-Guayana herrscht dieses Klima vor. Der Temperaturunterschied zwischen dem wärmsten und kältesten Monat ist hier meistens grösser, der Regenfall erreicht nicht mehr 2000 mm und eine ausgesprochene Trockenheit stellt sich ein. Savannen (Campos) und lichte Wälder, die in der Trockenzeit ihr Laub abwerfen (Caatingas), bestimmen den Landschaftscharakter. Nur in den grossen Flussthälern finden sich Urwälder, die mehr den Typus der Lianenregion haben und als regelrechte Galeriewälder uns entgegentreten.

Südlich von der Baobabklimaprovinz folgt in Brasilien das Gebiet des Camellienklimas. Die tiefste Monatstemperatur erreicht hier noch nicht 2° C. Immergrüne Macquis und fruchtbare Matésträucher herrschen hier vor. Die Niederschläge fallen ziemlich reich zu allen Jahreszeiten.

In Parzellen tritt das Hochsavannenklima im oberen Rio-Negrogebiet einerseits und auf einem kleinen Teile der Sierra do Mar vom 20 bis $23^1/_2{}^0$ s. B. andererseits auf. Ausgesprochene Trockenheit im Winter und Frühling, häufige und heftige Regengüsse im Hochsommer sind charakteristisch. Die Blütezeit der Pflanzen fällt in den Spätsommer.

Was die regelmässigen Temperaturmessungen in den eben besprochenen Regionen betrifft, so sind dieselben noch äusserst spärlich

---

[1]) Hann, Handbuch der Klimatologie. 1897. II. Bd. S. 349–383.

und beschränken sich fast nur auf die Küstengebiete. Nur von einigen wenigen Orten des Innern, wie von Iquitos, Manaos, Cuyaba und Santarem liegen auch ganzjährige Beobachtungen vor. Die Resultate hierüber hat bereits Hann in klassischer Weise kritisch verarbeitet und in seinem Handbuch der Klimatologie niedergelegt. Die mittlere Jahrestemperatur scheint darnach fast nirgends über 26½° merklich hinauszugehen und der jährliche Wärmegang ist überall ziemlich gleich. Nur im äussersten Nordosten fällt die niedrigste Temperatur noch auf den nördlichen Winter, auf Januar und Februar, das Maximum aber in die Trockenzeit, auf September und Oktober. Ferner treten vom 8° S. B. an der südliche Sommer und Winter in ihre Rechte ein, indem die wärmsten Monate hier Dezember bis Februar, die kältesten Juni und Juli sind.

Auch die Jahresschwankung der Temperatur ist im ganzen tropischen Teile Südamerikas nicht erheblich, selbst im Innern gegen den Wendekreis des Steinbocks hin beträgt sie nur 8—9°. Nur die mittleren Jahresminima auf den Hochflächen Südbrasiliens sind nach Hann ziemlich schwankend, während aber die Maxima fast konstant bleiben. Selbstverständlich zeigt die Küstenlandschaft etwas grössere Abweichungen bezüglich der Jahresschwankungen der Temperatur, die sich im südlichsten Teile Brasiliens, wie Hanns Tabelle zeigt, sogar bis zu 30° Differenz erhöhen können.

Unregelmässiger als diese Temperaturverhältnisse sind aber die dortigen Wind- und Niederschlagsverhältnisse, die wir infolgedessen auch einer eingehenderen Betrachtung unterziehen wollen. Betrachten wir nun zuerst die Wind-, dann die Niederschlagsverhältnisse.

I. Winde.

Das Gebiet, in dem sich die schwarzen Flüsse Südamerikas befinden, liegt grösstenteils in den Tropen, wo die Winde abhängig sind von den über den Weltmeeren ruhenden Hochdruckgebieten, aus welchen die Passate wehen, deren Wandern mit dem Sonnenstande dann noch den Grund zur Veränderung der Jahreszeiten gibt. Zwischen beiden Passatzonen liegt der Gürtel der Windstillen mit Regen zu allen Jahreszeiten. Wenn die Sonne am weitesten nördlich steht, so bemerken wir den Nordostpassat auf den Antillen, an der Küste von Venezuela und Centralamerika sowie auch noch in Guayana, während er über die Küsten hinaus in das Innere des Kontinents nicht zu dringen vermag. Dagegen überweht dann der Südostpassat von Brasilien her einen grossen Teil Südamerikas bis zu den Anden und erreicht sogar noch die Llanos und den Rand der Gebirge von Venezuela, so dass hier im Juni und Juli eine Unterbrechung der Regenzeit eintritt. Wendet sich die Sonne südwärts, so gewinnt in dieser Richtung das Gebiet des Nordostpassats an Ausdehnung, während der Südostpassat zurückweicht. Der Nordostpassat überweht dann im Januar den ganzen Norden bis gegen den Amazonas, während der Südostpassat sich auf die Küsten Südbrasiliens beschränkt und im Innern Platz für die veränderlichen Winde der Kalmenregion lässt.

Da nicht allein die geographische Breite, sondern auch die Bodengestaltung von wichtigem Einflusse auf die Windrichtung ist, so treffen die eben erwähnten Regeln nur der Hauptsache nach zu und es können sich daher Verhältnisse zeigen, die ganz verschieden, ja oft entgegengesetzt sind von dem, was wir allgemein sagten. Betrachten wir die einzelnen Gebiete für sich.

Im Küstengebiet Guayanas weht nach Kappler[1]) der Wind beständig aus Osten; „in den ersten Monaten des Jahres hat er eine mehr nördliche, in den grossen Regenzeiten eine mehr südliche Richtung. In der Trockenzeit herrscht meist Windstille bis gegen Nachmittag, wo die Seebrise sich erhebt, die Hitze schnell mässigt und bis 9 Uhr oder 11 Uhr abends anhält. Westliche Winde sind äusserst selten und halten nie länger als einige Stunden an. Orkane kommen nicht vor.“

Auch im Innern Guayanas ist die Wirkung des Passats noch stark zu verspüren.[2]) Unter dem Namen „Savannenwind“ zeigt er hier seine Herrschaft. Schomburgk schreibt darüber:[3]) „Schon mochten wir einige Stunden gefahren sein, als uns plötzlich durch die drückende Schwüle ein kühler Windzug entgegen wehte, den die Indianer als den erfrischenden Savannenwind willkommen hiessen. Dieser ungemein heftige Wind ist im Innern ganz das, was an der Küste die kühle Seeluft ist, da er, wie jene, täglich aufspringt. Gewöhnlich erhebt er sich abends acht als sanfter kühler Nordost, der gegen Mitternacht seine grösste Stärke erreicht, wo er gleich einer Windsbraut über die Savanne hinfegt, dann gegen Tagesanbruch allmählig abnimmt und mit der aufgehenden Sonne plötzlich nach Ost umspringt.“ Besonders häufig sind ausser diesen Savannenwinden im Innern, namentlich am

---

[1]) Hann, Klimatologie Bd II S. 358. [2]) Rich. Schomburgk, Bd. I S. 282. [3]) Ebenda S. 353.

Rupununi, Mahu, Takutu etc. auch die eigentümlichen Wirbelwinde, die plötzlich entstehen und über die Savanne ziehen. „Plötzlich sieht man, wie von einem Punkte aus der Staub und die Blätter der Sträuche u. s. w. ziemlich in horizontaler Richtung in schneckenförmiger Linie eine Strecke über die Ebene hingetrieben werden, bis sich der Anfang immer mehr hebt und bald als spirale Säule einen Augenblick über der Savanne steht und dann über diese hinjagt, wobei sie gegen die Erde hin immer durchsichtiger wird, sich dann in der Mitte scheidet und spurlos verschwindet".[1])

Am oberen Rio Negro und im Gebiete der Bifurkation des Orinoco und Amazonas ist der Passat nicht mehr zu spüren, während er etwas nördlich davon, in den Llanos des Orinoco, noch frei über die ausgedehnten Savannen streicht.[2])

Eigenartige Verhältnisse findet man im Amazonasthal. Während man erwarten sollte, dass hier die Windstille des Kalmengürtels ausgeprägt wäre, fehlt diese Erscheinung ganz. Vielmehr vereinigen sich hier die nördlichen und südlichen Passate zu einer mittleren, genau östlichen Windesrichtung und verbreiten die verhältnismässig frische Kühle des Meeres in das Innere, indem sie zugleich dem Klima des Hauptthalweges eine seltene „Salubrität" verbürgen.[3]) „Bei Santarem" schreibt Bates, „herrscht 5 bis 6 Monate des Jahres mit wenigen Unterbrechungen der Ostwind, — der amazonische Handelswind."[4] Auch in Villa Bella lässt ihn derselbe Forscher noch heftig wehen dagegen soll er zu Manaos nicht mehr zu spüren sein.[5]) Schon Griesebach betrachtete als Ursache dieses Ostwindes das Wärmecentrum in den weiten Ebenen des oberen Amazonas. „Dort werden", schreibt er,[6]) „nur unregelmässig wechselnde Luftströmungen und häufige Windstillen beobachtet, wie in dem Kalmengürtel des Meeres. In diesem Abschnitte des Stromlaufes, wo derselbe den Namen Solimoes führt, ist der Wald am ausgedehntesten und undurchdringlichsten, von Savannen nirgends unterbrochen; das ganze Jahr hindurch fallen die Niederschläge, der menschliche Organismus wird durch die Wärme und Feuchtigkeit der Luft berührt, als befände er sich in einem beständigen Dampfbade. Hier liegen die höchsten Isothermen (20° R) in der Nähe des Äquators, die erst ostwärts zu den offenen Campos Brasiliens in südlicher Breite übergehen. Diesem inneren Wärmecentrum ist es zuzuschreiben, dass am unteren Amazonas ein immerwährender Ostwind herrscht, welcher den Wasserdampf des Atlantischen Meeres beständig erneuert und dem Festlande zuführt."

---

[1]) Rich. Schomburgk Bd. II S. 7. [2]) Griesebach S. 361. [3]) Griesebach S. 378. [4]) Bates S. 127. [5]) Bates S. 156. [6]) Griesebach S. 378.

Ob Griesebach recht hat? Schon Martius berichtet, dass zwischen Manaos und Egas noch sehr starker Ostwind zu spüren sei. „Wir waren froh", schreibt er, „mit Anbruch des Tages durch den Ostwind begünstigt zu werden, welcher den ganzen Tag anhaltend uns an der langen Sandinsel Praya do Perquito vorüber, gegen Abend auf die Praya de Goajaratuva brachte."[1]) Desgleichen beobachtete Brown zwischen Manaos und der Javary Mündung die gleiche Windrichtung,[2]) und Galt,[3]) Rimbach,[4]) Herndon[5]) fanden sie im oberen Amazonasthal. Da ferner die ganze Ostseite der Anden nach den Reiseberichten Monniers,[6]) Hettners[7]) u. A. auf eine ausserordentliche wasserdampfreiche östliche Windströmung hinweist, die aber nichts anderes sein kann als der Passat, so dürfte die Erklärung Griesebachs für den O.-Wind am unteren Amazonas, als entstanden durch Aspiration des genannten Wärmecentrums am oberen Amazonas, wenigstens nicht allgemein gültig sein und der O.-Wind am unteren Amazonas dürfte z. B. nichts anderes sein als der gewöhnliche S.-O.-Passat, der nach O. abgelenkt ist, weil er aus höheren in niedere Breiten kommt.

Wie liegen nun die Windverhältnisse in dem von uns zu betrachtenden Gebiete südlich des Amazonas? Da uns von den dunklen Zuflüssen des Purus und Madeira keine derartigen Angaben vorliegen, so müssen wir uns an die Angaben halten, die darüber bei den Hauptströmen oder deren grösseren Weisswasserzuflüssen vorhanden sind und die im allgemeinen auch hier zutreffend und passend sein dürften. Am Purus und Aquiry herrschen nach Chandless in der Trockenzeit (Juni bis September) abwechselnd warme Winde von N.-W. mit hellem Wetter und kühle von S.-O. und O.-S.-O., welche stets von starken Regen begleitet sind und dadurch grosse, aber schnell sich verlaufende Überschwemmungen hervorrufen.[8]) Ausserdem tritt nach Ehrenreich[9]) am Purus gegen Ende der Regenzeit häufig eine oft mehrere Tage anhaltende sogenannte

[1]) Spix u. Martius S. 1137, 1144. [2]) Brown and Lidstone a. a. O. p. 449, 489. [3]) Galt. Iquitos. Proc. R. G. S. 1873. Bd. 17 S. 138. [4]) Rimbach: „Reise im Gebiet des oberen Amazonas". (Zeitschr. d. G. f. Erdk. z. Brl. 1895 S. 387. [5]) Herndon, Exploration of the Valley of the Amazon, Washington 1853—54 S. 194. [6]) Monnier, Bull. S. G. 1889 S. 548. [7]) Hettner, Zeitschr. d. Ges. f. Erdk. 188? S. 392. [8]) Chandless, Journ. R. G. S. Bd. 36 S. 108 u. 122. [9]) Ehrenreich, „Verhdlg. d. Ges. f. Erdk. z. Brl. 1890 S. 108."

„Friagem“ ein, ähnlich wie in Mato Grosso, mit heftigem Südwestwind, Nebel und starker Temperaturerniedrigung bis auf 15° Celsius, eine Erscheinung, welche durch kalte Luftströmungen von den Cordilleren herbeigeführt wird, wenn nach andauernder Hitze die feuchtheisse Tieflandsluft in die Höhe steigt. Auf der Madeira-Platte sind ebenfalls zur Trockenzeit (Juni und September), wie am Purus, abwechselnd warme Winde von N.-W. und kühle von S.-O. vorherrschend. „Die beiden Windrichtungen“, schreibt Gibbon,[1]) „scheinen in fortwährendem Kampfe miteinander; manchmal weht es genau drei Tage von S.-O. und dann ebenso lang von N.-W.; das ist so häufig der Fall, dass die Einwohner sagen, wenn der Wind aus einer Richtung begonnen hat, erwarten sie ihn drei Tage lang aus derselben.“ Am unteren Abacaxis beobachtete Chandless[2]) meistens den N.-O. oder O.-N.-O., der die Richtung des Flussthales verfolgte. Da diesen Wind auch Bates am Tapajoz[3]) und die Xingu-Expedition bei ihrer Thalfahrt auf dem Xingu beobachteten, so ist anzunehmen, dass er nichts anderes ist als der O.-Passat des Amazonenthales, der in die weiten Thäler der südlichen Amazonasnebenflüsse aufsteigt und hier als N.-Wind sich zeigt.

Am mittleren Tapajoz und im Quellgebiete dieses Flusses sind die Windverhältnisse von Mato Grosso massgebend. Die meteorologische Tafel, die Vogel seinem Reisebericht: „Reisen in Mato Grosso 1887/88“ nach genauen Beobachtungen zu Cuyaba beigegeben,[4]) sagt, dass die N.-W.-Winde während der Regenzeit, die Südwinde während der Trockenzeit ihre grösste Häufigkeit haben. Weitaus überwiegend sind die Nord- und N.-West-Winde. Die zu erwarteten S.-O.-Winde treten nur in den Monaten Dezember bis April etwas häufiger auf. Ähnliche Beobachtungen machte auch Clauss bei seiner Xingu-Expedition.[5]) Er schreibt: „Die Nächte auf dem Plateau waren immer klar. Mittags wurde der Horizont rings von mächtigen Cumuli umsäumt. Ebenso herrschte in den Nächten, sowie abends und morgens, gewöhnlich vollkommene Windstille. Dagegen setzte mit Regelmässig-

[1]) Gibbon, Exploration of the Valley of the Amazon; Washington: meteorologisches Journal für Trinidat vom Juni bis August 1852. [2]) Journ. R. G. S. 1870. London. S. 423. [3]) Bates, S. 238. [4]) Vogel, Zeitschr. d. Ges. f. Erdk. z. Brl. 1893. [5]) Pet. Mittlg. 1886 S. 170

keit um 10ª und 11ª ein scharfer N.-O. bis N.-W.-Wind ein, meistens N. Er kam in Stössen, die häufig 5 der Beaufortskala erreichten. Dieser Wind liess nachmittags ab und hatte sich um 3 Uhr vollständig gelegt Da in Cuyaba in dieser Jahreszeit der Südwind dominiert, so darf man vielleicht an eine Luftbewegung denken, welche durch die starke Bestrahlung des Plateaus in den wolkenarmen Monaten hervorgerufen wird; dann müsste ja die Luft von den Niederungen in N. und S. des Plateaus nach diesem zusammenfliessen. Dafür würde auch sprechen, dass an einigen bewölkten Tagen, am 21., 23. und 24. Juli der Nordwind ganz ausblieb." (Siehe auch Clauss: Tafel I: Resultate der meteorologischen Beobachtungen in Cuyabá, P. M. 1886 S. 169.)

Diese N.-W.-Winde, die wir auch bei der Betrachtung der Windverhältnisse am Purus und auf der Madeira-Platte kennen lernten, sind also nichts anderes als aspirirte Winde, was auch schon der Umstand beweist, dass sie nach Norden zu häufiger und länger auftreten, während im Süden dasselbe für den S.-O. der Fall ist. Dieser letztere Wind dagegen ist der Südostpassat, der jenseits des Äquators vom atlantischen Meere über den Kontinent bis zur Hylaea und zu den Anden hinweht.[1])

An der Ostküste sind der „viracão" oder der See- und der „terral" oder der Landwind die regelmässigsten täglichen Winde.[2]) Das Vorherrschen der Seewinde aus S.-O. bewirkt jene Feuchtigkeit an der Küste und auf der Ostseite der Serra do Mar, dass hier bis zum Wendekreis die vegetative Entwickelung niemals unterbrochen wird.[3]) Auch im Staate Sao Paulo sind der „viracão" und der „terral" noch ausgeprägt. Lange[4]) schreibt, dass von 10 Uhr vormittags bis gegen 4 Uhr nachmittags der N.-W. vorherrsche, dann sich aber eine südöstliche Windrichtung zeige, die ein bedeutendes Sinken der Temperatur bewirke und die Feuchtigkeit in der Atmosphäre erhöhe. Der S.-O.-Wind ist der häufigste; während der Wintermonate hat aber der N.-W.-Wind Neigung, vorzuherrschen. Dagegen haben die südlichsten Provinzen Brasiliens, südlich vom Wendekreis, ganz andere Windverhältnisse. Im Sommer herrschen hier nordöstliche Winde vor, während im Winter daneben auch südwestliche und südöstliche Winde zur Geltung kommen.[5]) Am Lagoa dos Patos ist die auffallende Erscheinung, dass die Winde immer nur wenige Tage aus einer Richtung wehen und dann in die entgegengesetzte umschlagen, so dass es den Segeljachten möglich ist, den einen Wind zur Hinfahrt, den andern zur Rückfahrt von Rio Grande zu benutzen.[6]) Wahrscheinlich ist dieser Windwechsel durch wandernde örtliche Gebiete niedrigen Luftdrucks bedingt. Die Stürme wehen fast

[1]) Griesebach S. 394. [2]) Pet. Mittlg. 1891 S. 15. [3]) Griesebach S. 395. [4]) Lange, „Aus dem Staate São Paulo" P. M. 1891 S. 15. [5]) Segelhandbuch für den Atl. Ozean; herausgeg. v. der Seewarte, Hamburg 1885 S. 66 [6]) Pet. Mittlg. 1887. S. 292.

immer aus Nordwest und Südwest;[1]) manche auch aus Nordost, welche zugleich die stärksten sind. So wurde an der Barre von Rio Grande ein N.-E.-Wind von 43,6 m und ein S.-W.-wind von 38,5 m Geschwindigkeit beobachtet.[2]) Im Binnenlande wird am meisten der Minuano gefürchtet, ein sehr heftiger, kalter Westwind, der in der Regel bei klarem Himmel drei Tage lang anhält. Er wird gewöhnlich mit dem Pampero verwechselt, der aber mehr aus Südwesten kommt und ebenfalls kalt, aber nicht trocken, sondern meist der Vorläufer oder Begleiter heftiger Gewitter ist.[3])

II. Niederschlagsverhältnisse.

Wäre die jahreszeitliche Verteilung der Niederschläge in den Tropen nur abhängig von dem Zenitstande der Sonne, so würde aus der Hauptregel der normalen tropischen Regenzeiten unmittelbar folgen, dass am Äquator und hinauf bis zu jenen Entfernungen zu beiden Seiten desselben, wo zwischen den beiden Zenitständen der Sonne noch ein längerer Zeitraum liegt, sich zwei Regenzeiten im Jahre bemerkbar machen, entsprechend den beiden Durchgängen der Sonne durch den Zenit. Meistens stellen sich im betreffenden Gebiete auch solche doppelte Regenzeiten ein; aber bei den geringen Wärmeunterschieden der doppelten Insolationsmaxima sind secundäre Einflüsse leicht im Stande, das Auftreten doppelter Regenzeiten zu unterdrücken. Namentlich sind es topographische Faktoren, welche den theoretischen Voraussetzungen entgegen einen ununterbrochenen Gürtel doppelter Regenzeiten nicht recht aufkommen lassen. Das Folgende wird uns lehren, dass auch im Gebiete der schwarzen Flüsse Südamerikas die Niederschlagsverhältnisse nicht so einfach liegen und dass die jahreszeitliche Verteilung derselben sich nicht so gleichmässig und regelmässig abwickelt, wie man meist annimmt.

Am Ynirida haben wir z. B. nach Montolieu[4]) nur eine Regenzeit, die vom März bis Oktober dauert; am Atabapo bei San Antonio

---

[1]) Beschoren, „Beiträge z. näheren Kenntnis der bras. Provinz Rio Grande do Sul"; Pet. Erg. 1889—90 S. 79. [2]) H. v. Ihering, „Deutsche geogr. Blätter VII S. 168. [3]) Pet. Mittlg. 1887 S. 292. — Pet. Erg. 1889—90 S. 79 — Avé-Lallemant: „Reise durch Süd-Brasilen" I. Tl. S. 468. [4]) Montolieu, Bul. S. G. 1800 S. 290.

de Yavita regnet es fast das ganze Jahr.[1]) In Yavita mass Humboldt den Regen, der am 1. Mai (1800) innerhalb 5 Stunden 46 mm und am 3. Mai sogar 30 mm innerhalb 3 Stunden ergab.[2]) „Am Pimichin", schreibt der gleiche Forscher, „regnet es seit mehreren Monaten unaufhörlich und Bonpland gingen die Exemplare von Pflanzen, die er mit künstlicher Wärme zu trocknen suchte, zu Grunde."[3]) Auch am oberen Rio Negro sind alle Monate des Jahres reich an Niederschlägen; „es regnet fast das ganze Jahr, Dezember und Januar ausgenommen, und selbst in der trockenen Jahreszeit sieht man das Blau des Himmels selten zwei, drei Tage hintereinander. Da es unaufhörlich regnet (der Regen ist fein, aber sehr dicht), so können in diesen Wäldern jährlich nicht wohl unter 2.43 bis 2,71 m Regen fallen.[4]) In San Carlos[5]) sah Humboldt zu verschiedenen Zeiten in 2 Stunden 16 mm; in 3 Stunden 40 mm; in 9 Stunden 106,8 mm Regen fallen. Die Regenzeit findet hier bei nördlicher Deklination der Sonne statt und ist normal.

Abnorm ist dagegen das Fehlen einer Trockenzeit im Fallgebiete des Rio Negro. Wallace schreibt darüber:[6]) „Die regelmässige tropische Trockenzeit ist hier fast verschwunden, das ganze Jahr hindurch ein beständiger Wechsel von Regenschauern und Sonnenschein. Im Juni, Juli, August und September, wenn der Amazonassommer in all seiner Glorie steht, haben wir hier nur wenig besseres Wetter im Juni; dann wieder so viel Regen wie immer, bis im Januar und Februar, wenn die nasse Jahreszeit am Amazonas beginnt, hier im allgemeinen 1-2 Monate warmes Wetter herrscht." Die Erklärung dieser abnormen Erscheinung ist nicht schwer. Ohne Zweifel steht die aspirirende Wirkung der Llanos des oberen Orinoco damit im engsten Zusammenhange. Dies bestätigt uns Spruce[7]), der diese Verhältnisse eingehender untersucht. „Die Regenzeit unter dem Äquator und nördlich von ihm zur Zeit des Amazonassommers kann uns nicht wundern bei der allgemeinen Verschiebung der Jahreszeiten nach S. zu über den mathematischen Äquator (Napo, Canelos); das „bessere Wetter" im Juni fällt auf die nördlichste Deklination der Sonne. — Wenn die nasse Jahreszeit am Amazonas ihren Höhepunkt hat (März, April), aspiriren die Llanos des Orinoco; es müssen sich daher am Rande des Berglandes von Guyana (Negro-Fälle) und an den Bergen nördlich von ihm Steigungsregen niederschlagen, die mit der Höhe jener Berge (dem jetzigen Verlauf der brasilianisch — venezuelischen Grenze) abschneiden.

Gehen wir weiter nach Osten, nach Guayana! Hier haben wir genau das Klima des Innern von dem des Küstenlandes auseinander zu

---

[1]) Humboldt, Bd. III S. 225. [2]) Ebenda S. 225. [3]) Ebenda S. 228. [4]) Ebenda S. 269. [5]) Ebenda S. 269. [6]) Wallace, travels S 430. [7]) Jorn. 1860 Bd. 36 p. 71.

halten. Das Centralfeld oder die grosse Savanne von Britisch Guayana (3°–4° N.; 56°–60° W.) hat nach Appun[1]) nur eine Regenzeit vom April bis August mit durchschnittlich 200 - 230 cm hohem Regenfall, Nordwest- und Westwinden, furchtbaren Gewitterstürmen und gewaltigen elektrischen Entladungen. Die Niederschläge sind an manchen Stellen zu dieser Zeit geradezu enorm. So betrug z. B. die Quantität des gefallenen Regens am Takutu nach Schomburgk[2]) bei einem einzigen Regenfalle, der nur einige Stunden dauerte, 75 – 100 mm, und die angestellten Beobachtungen desselben Forschers ergaben dort von Ende Mai bis Ende August 72 Zoll (1,8 m) Regen. Zu Pirara war infolge der mächtigen Regen die Atmosphäre mit Feuchtigkeit so geschwängert, dass die Kleidungsstücke der Mitglieder der Schomburgk'schen Expedition in den Koffern vermoderten. Eiserne Werkzeuge, die nur wenige Tage am Boden gelegen hatten, waren von Rost bis zur Unbrauchbarkeit zerfressen, das Silber war oxydirt, die Arsenikseife zersetzt und die botanischen Sammlungen zerstört.[3])

Zur Trockenzeit, die vom September bis zum April dauert und von O.- und NO.-winden begleitet ist, herrscht in den Savannen Dürre und Wassermangel. Nur die Flüsse und Bäche, die mit Galleriewäldern begleitet sind, wie dies meistens im Quellgebiete der schwarzen Flüsse der Fall ist, empfinden nicht die sengende Hitze, ihre Ufer sind auch zu dieser Zeit feucht und sumpfig. „Man hat behauptet," schreibt Schomburgk, „dass die Vegetation erst einige Tage Regen verlange bevor sie von neuem zu treiben beginne; die Ufer des Takutu aber widersprechen dieser Annahme in der blühendsten Sprache; denn der Monat März und die zurückgelegten Tage des April waren fast ohne einen Tropfen Regen vorübergegangen und doch waren die Ufer des Flusses an vielen Stellen wie mit einem Blütenteppich überzogen.[4])

Während nun die Savannen im Innern nur eine Regen- und Trockenzeit besitzen, fallen in den höheren Teilen des Landes unter denselben Breiten z. B. am Roraima auch im November und Dezember Regen, so dass hier also wie an der Küste, eine doppelte Regenzeit herrscht.[5]) Daraus erfolgt, dass auch im Innern Guayanas zwei Zenitregenzeiten ausgebildet wären, wenn nicht die unermesslichen Urwälder der Küste den Passatwinden zur kleinen Regenzeit deren Feuchtigkeit berauben würden.

An der Küste Guayanas teilen sich die Regen- und Trockenzeiten in folgender Weise:[6])

[1]) Siehe Hann, „Klimatologie" Bd. II S. 359. [2]) Schomburgk, R., Reisen etc. Bd. IIS. 143. [3]) Schomburgk, R., Reisen etc. Bd. II S. 128 [4]) Ebenda S. 21. [5]) Sievers, „Amerika" S. 172. [6]) Joest, W., „Guayana im Jahre 1890" (Verhandlung der Ges. für Erdk. zu Berlin) Bd. 18 S. 402.

Ende Februar bis Ende Mai kleine trockene Zeit; Ende Mai bis Ende August grosse Regenzeit; Ende August bis Ende November trockene Zeit; Ende November bis Februar nächsten Jahres kleine Regenzeit. Freilich benimmt sich, nach Joest, auch hier der Himmel nicht immer so, wie es die Meteorologen nach eben genannter Regel feststellten Joest schreibt: „Als wir am 7. Februar im Georgetown anlangten, hatte es dort 21 Tage hindurch täglich, beinahe unaufhörlich geregnet — das nannte man die „kleine" Regenzeit. Während meines Aufenthaltes in Surinam, von Mitte Februar bis Mitte April 1890, musste ich jeden Tag „Regen" in mein Tagebuch eintragen. Oft waren es nur kurze Schauer, häufig aber strömte der Regen ohne Unterbrechung 24 Stunden hindurch. Das war also während der „kleinen trockenen Zeit". Die Niederschlagsmengen während der Regenzeit sind an der Küste ebenfalls grösser als im Innern. Während z. B. nach den von Schomburgk[1]) angestellten Beobachtungen in den Savannen die Höhe des von Ende Mai bis Ende August gefallenen Regens 72 Zoll betrug, schwankte sie während derselben Zeit an der Küste zwischen 80 und 100 Zoll. In Georgetown-Demerara betrug der Regenfall im Jahre 1889: 97,36 engl. Zoll (ca. 2400 mm), in Paramaribo in derselben Zeit bei 214 Regentagen 2276,26 mm. Im Jahre 1890 wurden in Paramaribo sogar 226 Regentage verzeichnet mit etwa 2336,8 mm Regenfall.[2]) Das Aussehen dieses Gebietes zur Regenzeit schildert Kappler in malerischer Weise.[3]) Schwere Regengüsse, wie man sie in Europa nicht kennt, fallen oft mehreremale täglich; leichtere Ladungen halten auch wohl, aber selten, tagelang an; alles niedere Land wird unter Wasser gesetzt; die Flüsse des oberen Landes treten aus und viele Savannen gleichen Seen, über die man mit grösseren Ruderbooten fahren kann. Flussfische ziehen in die überschwemmten Waldungen ein und leben von Früchten und saftigen Beeren. Im Innern des Landes, wo die Ufer steil und bergig sind, kann der Unterschied zwischen dem höchsten Wasser der Regenzeit und dem tiefsten der Trockenzeit 10—13 m betragen. Gegen die Mitte des Juli nehmen die Regenschauer ab und fallen nur noch zu gewissen Tageszeiten und Nachtstunden."

Anders wiederum, als auf dem guayanischen Schollenlande und an der nördlichen Küste von Südamerika finden wir die Regen- und Trockenzeiten, sowie die Niederschlagsmengen, im Amazonenthal verteilt. In Pará[4]), an der Mündung des Amazonas, gleicht jahraus

---

[1]) Schomburgk, Rich., Bd. II S. 143. [2]) Dieselben verteilten sich in folgender Weise auf das Jahr: Januar 23; Februar 17; März 21; April 20; Mai 24; Juni 27; Juli 27; August 15; September 13; Oktober 4; November 14; Dezember 21 Regentage. [3]) Hann, „Klimatologie" Bd. II S. 358. [4]) Bates S. 35.

jahrein ein Tag dem andern. Ein kleiner Unterschied besteht zwischen der trockenen und der nassen Jahreszeit; in der Regel aber wird die trockene Jahreszeit, von Juli bis Dezember, durch Regenschauer unterbrochen, die nasse, von Januar bis Juni, durch sonnige Tage. Zu Santarem [1]), am Einflusse des Tapajoz in den Amazonas, beginnt die Regenperiode Anfang Februar und ist vom April bis Juni am stärksten ausgebildet; vom August bis zum Februar verstärkt sich die Heftigkeit der Ostwinde; dann herrscht fast vollkommene Dürre und heiterer Himmel. Der späte Beginn der Regenzeit in Santarem und der völlige Regenmangel während der Trockenzeit beruhen beide wohl auf lokalen Verhältnissen, denn Santarem liegt nach Bates [2]) inmitten eines Camp-Distriktes, wo wahrscheinlich die zwischen Tapajoz und Xingu bis zum Amazonas vorspringende bewaldete Hochlandszunge den Regenschatten wirft. Dass diese eigentümlichen Niederschlagsverhältnisse lokaler Natur sind, beweist auch der Umstand, dass weiter oben am Tapajoz, in der Nähe der Fälle (4°30' s) Bates [3]) das Klima auch in der Trockenzeit feuchter fand und Coudreau [4]) auf seiner meteorologischen Tabelle, worauf er das Wetter am Tapajoz vom 28. August 1894 bis 1. Januar 1895 angegeben hatte, von diesen 127 Tagen 25 Regentage verzeichnete. Oktober und November hatten an je 16 Tagen Regen. Da auch Bates [5]) für Villa Bella, am Einflusse des Parana do Ramos in den Amazonas, eine kleine Regenzeit erwähnt, die bereits zu Manaos deutlich hervortritt, so dürfte unsere Annahme, dass zu Santarem nur lokale Einflüsse eine kleine Regenzeit verhindern, fast zur Gewissheit erhoben sein. Zu Manaos liegen auch genauere Aufzeichnungen über die dortigen Regenmengen vor. So bringt das Novemberheft der „Revista do Observatorio de Rio de Janeiro" vom Jahre 1891 die Resultate vierjähriger Regenmessungen. Darnach beträgt die Jahresmenge 2359 mm.

Am grössten ist die Feuchtigkeit oberhalb Manaos. Hier regnet es fast das ganze Jahr. Die schwersten Regen fallen von März bis August. Von St. Paulo am oberen Amazonas erzählt Bates: [6]) „Mein Haus war noch feuchter als das, welches ich in Fonta Boã bewohnte, und es hielt ausserordentlich schwer, meine Sammlungen zu bewahren, dass sie nicht durch die Feuchtigkeit litten In St. Paulo war es unmöglich, das Salz einige Tage in einem festen Zustande zu erhalten, während man in Ega die Körbe, in denen es aufbewahrt wurde, nur gut mit Blätter zu umhüllen brauchte. Sechs Grad weiter westlich, nämlich am Fuss der Anden, scheint die Feuchtigkeit des Klimas der amazonischen Wälder den höchsten Punkt zu erreichen, denn Pöppig fand bei

---

[1]) Griesebach S. 379. [2]) Bates S. 200, 203, 204. [3]) Bates S. 235. [4]) Coudreau, voyage au Tapajoz 1897. [5]) Bates S. 156. [6]) Bates S. 404 und 405.

Chinchao, dass der am besten raffinirte Zucker sich in wenigen Tagen in Syrup verwandelt und das beste Schiesspulver, selbst in Blechbüchsen verwahrt, flüssig wurde. Bei São Paulo hielt sich raffinirter Zucker in Zinnbüchsen ganz gut und ich hatte keine Schwierigkeit, mein Schiesspulver in Blechbüchsen trocken zu erhalten, obgleich eine Flinte, die über Nacht geladen blieb, am Morgen selten abgefeuert werden konnte." Ähnliches berichten uns von dieser Gegend Spruce[1]), Condamine[2]), Orton[3]), Galt[4]) u. a.

So die Verhältnisse im Amazonental. Betrachten wir nun das Gebiet südlich der grossen Amazonasrinne. Dieser Teil steht fast ganz unter der Herrschaft des Südostpassats, der vom Atlantischen Ozean über den Kontinent bis zur Hylaea und zu den Anden hinweht. Da aber auch hier die vertikale Gliederung des Landes ihren Einfluss auf die Niederschlagsverhältnisse in nicht unerheblicher Weise zur Geltung bringt, indem nämlich die Serra do Mar, die sich längs der ganzen Südostküste erstreckt, die Feuchtigkeit des Passates aufhält und dem Binnenlande so den atlantischen Wasserdampf entzieht, so empfiehlt es sich hier, die Küstengebiete und die Campgegenden des Innern streng auseinander zu halten. Wie liegen nun die Niederschlagsverhältnisse an der Küste?

Vom Nordende der Serra do Mar bis gegen Bahia zu ist der Küstenstrich sehr niederschlagsreich. Pernambuco hat z. B. nach vierjährigen Beobachtungen eine jährliche Regenmenge von 2752 mm, und die Winterregen herrschen hier vor Die Ursache dieser Winterregen schreibt Hann dem Umstande zu, dass die Hochebenen im Innern im Winter relativ zu kalt sind gegenüber dem Wasser des Ozeans, weshalb die kalte Luft aus dem Innern gegen das Meer hin abfliesst und infolgedessen den Passat zum Aufsteigen zwingt.[5]) Auf den Hochebenen der Sierra do Mar im Innern bis ebenfalls gegen Bahia zu herrschen oft grosse Perioden der Dürre, weshalb Steppen- und Wüstenbildungen hier häufig sind (z. B. die Sertäos von Bahia und Algoas). Namentlich das Innere von Ceara leidet in noch höherem Masse an solchen Dürren, weil hier der Passat parallel zur Küste weht.

Weiter im Süden, in Minas geraes, ist der Winter die trockene Zeit (vom Mai bis Oktober) und der Sommer (vom November bis April) die Regenzeit. Aber auch zur trockenen Jahreszeit sind Strich- und Platzregen nicht selten und trübe Tage sehr häufig. Der Sommer zeichnet sich dagegen fast durch täglichen Regen und heftige Regengüsse aus. In Ouro Preto betrug z. B. die Regenmenge während 27 Tagen

---

[1]) Spruce, Journ. R.G.Bd. 31 S. 175. [2]) Condamine p. 27. [3]) Orton, S. 181. [4]) Galt, S. 380. [5]) Hann, Bd. II S 370.

89 Pariser Zoll = 3,296 Zoll per Tag.[1]) An den Küsten von Espirito Santo und in Rio de Janeiro regnet es dagegen das ganze Jahr, im Mittel jedoch zumeist im Sommer: die trockensten Monate sind Juni bis August. Auch in Sao Paulo sind zwar die Sommerregen noch ausgeprägt, aber auch die übrige Jahreszeit zeigt in jedem Monat Regenfall,[2]) so dass hier der Übergang zu den südlichen Provinzen Brasiliens südlich des Wendekreises mit Niederschlägen zu allen Jahreszeiten deutlich bemerkbar ist. Dort, im südlichen Parana, in St. Catharina, in Rio Grande do Sul, sowie im Staate Uruguay regnet es das ganze Jahr, das Maximum der Niederschläge fällt jedoch in den Winter, von Juni bis September. Auch hier sind es die östlichen Seewinde, die die Feuchtigkeit in das Land bringen, so dass sich infolge der Erhebung des Küstengebirges die Niederschläge, wie im Norden des Wendekreises, nach dem Binnenlande hin vermindern. Doch auch von N. nach S. ist eine Abnahme der Niederschläge bemerkbar, denn während Lange in São Paulo während seiner Reise für Januar 21, Februar 16, März 22, April 19, Mai 13, Juni 4, Juli 10, August 6, September 22, Oktober 16, November 15, Dezember 24 Regentage verzeichnen konnte,[3]) kommen in Rio Grande do Sul in Durchschnitt im Sommer nur 19, im Herbst 15, im Winter 18 und im Frühjahr nur 13 Tage mit Regenfall vor.[4])

Wir wenden uns nun gegen das Gebiet westlich der Serra do Mar! Da letzterer Gebirgszug, wie schon einigemal erwähnt, sich längs der ganzen Südostküste erstreckt und infolgedessen die Feuchtigkeit des Passates aufhält und dem Binnenlande so den atlantischen Wasserdampf entzieht, so herrschen auf dem Tafellande des brasilianischen Berglandes meistens, wo nicht fliessende Wasser den Boden tränken, Savannen vor, die auch Campos genannt werden und in denen die regelmässige Zenitregenzeit des südhemisphärischen Sommers von den regenlosen Monaten des Passatwindes scharf getrennt ist.[5]) Dennoch ist das Binnenland noch feucht genug, zahlreichen Strömen das Leben zu geben, denn die Luft enthält durch den Einfluss des S.-O. doch noch soviel Feuchtigkeit, dass bei der starken nächtlichen Abkühlung über dem Plateau selbst in der Trockenzeit Taubildung stattfindet.[6]) Ausserdem sind hier die Regenzeiten von nördlichen Winden begleitet, welche dem südlichen Passat entgegenwehen, und wo beide sich begegnen, werden aufsteigende Luftströme erzeugt, die reichliche Niederschläge

[1]) Tschudi: „Die Provinz Minas geraes", Gotha, Justus und Perthes 1862. [2]) Lange, „Aus dem Staate Sao Paulo". (Pet. Mittlg. 1891 S. 15. Siehe auch Tabelle.) [3]) Lange, P. M. 1891 S. 15. [4]) Beschoren, Pet. Erg.-Hft. Bd. 21 S. 78. [5]) Grisebach, S. 395. [6]) Clauss, Pet. Mittlg. 1886 S. 130.

veranlassen.[1]) Stets folgen dann die ersten Regen, wo die Wirkung der Insolation bei unbewölktem Himmel am grössten ist. Einen Einfluss auf die Dauer der Niederschläge übt hier grösstenteils aber nicht die geographische Breite, sondern die plastische Gestaltung der Landschaft aus. So tritt in Goyaz unter dem sechzehnten Parallelkreise, wo die Sonne erst Ende November in das Zenit tritt und im Januar dahin zurückkehrt, die nasse Jahreszeit schon im September ein und dauert bis zum April.[2]) Ehrenreich beobachtete dort sogar den letzten Regenfall erst am 11. Juni.[3]) Besonders aber zeigt sich an den Flüssen, die in grossen Thälern und von Urwäldern begleitet dahinfliessen, der topographische Einfluss des Landes auf die Regenverhältnisse. Die Niederschläge sind hier reicher und grösser als auf den Campos und bedingen eine grosse Wasserfülle de Ströme. Die Regenbeobachtungen, die Clauss in seinem Bericht über die Xingú-Expedition vom Cuyabá-Gebiet gibt,[4]) dürften auch ein annähernd ähnliches Bild vom Quellgebiet die Xingú und des Tapajoz liefern, da diese Erdstriche sich unmittelbar berühren. Nach Clauss beginnt die Regenzeit in Cuyaba mit dem September und hört im Mai auf. Vom Juni bis August kommen nur ganz ausnahmsweise Regenfälle vor, und diese Monate repräsentieren daher die eigentliche Trockenzeit. Die grössten Regenmengen fallen nach Clauss in den Monaten Dezember bis März. Der grösste Regenfall betrug 111 mm innerhalb $5^1/_4$ Stunden am 13 Februar 1885. Im Jahre 1879—80 betrug die Regenmenge 1732 mm; 1880–81 1520 mm; 1884—85 1285 mm. Im Gebiete der schwarzen Flüsse Maué-assu, Abacaxis und Canuma dauert die Regenzeit vom Februar bis incl. August, aber auch in der Trockenzeit fand Chandless im oberen Teil des Abacacis häufige Regenschauer, während es dagegen am Unterlaufe des Flusses gar nicht regnete[5]) Damit wären wir bereits in das Gebiet der westlichen Amazonasniederung gekommen, wo in der Nähe des Äquators bei Manaos noch zwei Regenzeiten und zwei Trockenzeiten ausgeprägt sind, weiter westlich davon es aber fast das ganze Jahr regnet. Erst weiter südlich, ungefähr unter 10° s. Br., ist die Andeutung einer kleinen Regenzeit wieder gegeben,[6]) die bis zu dieser Breite hin durch die mit dem Vorrücken der Sonne nach S. intensiver werdende Aspiration des Plateaus unterdrückt wird.[7])

C. Hydrographie.

Auf der brasilianischen Masse und in der grossen Amazonasniederung, welche Gebiete wir im Vorhergehendem

[1]) Grisebach, S. 399. [2]) St. Hilaire in Nouv. Annales des voyages 1847 S. 50. Jahresb. [3]) Zeitschr. d. Ges. f. Erdk. z. Brl. 1891 S. 177. [4]) Clauss, Pet. M. 1886 S. 169. [5]) Chandless, Journ. R. G. S. 1870 S. 430. [6]) Chandless, R. G. S. Bd. 36 S. 91. [7]) Schichtel S. 47.

in topographisch-geologischer und in meteorologischer Hinsicht behandelt haben, kommen die sogenannten „Schwarzwasserflüsse mit klarem, dunklen Wasser,“ wie sie uns Humboldt vom oberen Orinocogebiete zwischen dem 3. und 4. Grade nördlicher Breite schilderte, in grosser Anzahl vor. Namentlich sind diese eigenartigen Gewässer charakteristisch ausgeprägt in Britisch-Guayana, im Gebiete des oberen Orinoco und Rio Negro, im unteren und oberen Amazonasthal und auf der Sierra do Mar.

Bei der nun folgenden Einzel-Betrachtung dieser Flüsse haben wir folgende Gruppen aufgestelt:

I. Die schwarzen Flüsse des Orinocosystems;
II. „ „ „ „ Guayanas;
III. „ „ „ „ Amazonassystens;
a) rechtsseitige Amazonaszuflüsse;
b) linksseitige „
IV. „ „ „ „ bras. Berglandes.
V. Zweifelhafte Schwarzwasserflüssc.

Bevor wir jedoch die Einzelbetrachtung dieser Flüsse beginnen, möchten wir noch kurz auf zwei Punkte aufmerksam machen, die, sofern wir sie nicht jetzt schon in Erwähnung bringen, später zu Verwirrungen und Missverständnissen führen könnten. Einmal darf an die Worte „gross“ und „klein“ bei diesen Strömen nicht der Massstab unserer deutschen oder auch europäischen Flüsse gelegt werden. „Der Pimichin“, schreibt Humboldt, „der dort ein Bach (Caño) heisst, ist so breit wie die Seine, der Galerie der Tuilerien gegenüber.“[1]) „Was man in Frankreich einen grossen Fluss nennt, ist in S.-Amerika“, sagt Crevaux, „ein Creek.“[2])

Ferner darf bei den Ausdrücken und Bezeichnungen „Rio Blanco“ und „Rio Negro“ (oder Rio Preto), wo die Schwarzwasserflüsse auf einem bestimmten Gebiete charakteristisch auftreten, nicht an einen starken Kontrast bezüglich der Wasserfärbung dieser Flüsse gedacht werden, wie er etwa besteht zwischen dem Ilz- und Donauwasser. Wer schon einmal an der Stelle gestanden, wo sich der „schwarze“ mit dem „weissen“ Regen vereinigt, wird nur einen ganz geringen Unterschied in der Farbe dieser Gewässer bemerkt haben, und unseren Gebirgsflüssen auf der bayerischen Hochebene gegenüber wäre der

[1]) Humboldt, Reise etc. S. 243. [2]) Schichtel S. 57.

weisse Regen immerhin noch ein ganz dunkler Fluss.* Dieselben Verhältnisse dürfen wir auch in Britisch-Guayana oder am oberen Orinoco, überhaupt, wo die sogenannten Schwarzwasserströme einem weiten Gebiete eigen sind, voraussetzen. Namentlich zwischen den Rio Pretos und Rio Pardos dürfte nur ein ganz geringer gradueller Unterschied in ihrer Färbung bestehen und ihr beiderseitiges häufiges Vorkommen auf einem gemeinschaftlich bestimmten Bezirke zur Annahme berechtigen, dass die ähnliche Farbenerscheinung ihrer Wasser auf die gleiche Ursache zurückzuführen ist.

I. Die schwarzen Flüsse des Orinocosystems.

Wir beginnen zuerst mit der Betrachtung und Beschreibung jener schwarzen Flüsse, die zum Flusssysteme des Orinoco gehören.

Es sei uns gestattet, einleitend das anzuführen, was Humboldt in seinem vortrefflichen Reisebericht über diese Flüsse sagt:[1]) „Mit der Mündung des Rio Zama", so führt er aus, „betraten wir ein Flusssystem, das grosse Aufmerksamkeit verdient. Der Zama, der Mataveni, der Atabapo, der Tuamini, der Temi, haben schwarzes Wasser (aquas negras), das heisst, ihr Wasser, in grossen Massen gesehen, erscheint kaffeebraun oder grünlich schwarz, und doch sind es die schönsten, klarsten, wohlschmeckendsten Wasser. . . Wenn ein gelinder Wind den Spiegel dieser schwarzen Flüsse kräuselt, so erscheinen sie wiesengrün, wie die Schweizer Seen. Im Schatten ist der Zama, der Atabapo etc. schwarz wie Kaffeesatz. Diese Erscheinungen sind so auffallend, dass die Indianer allerorten die Gewässer in „schwarze und weisse" einteilen."

Von den meisten schwarzen Flüssen dieses Gebietes ist freilich leider nur der Unterlauf einigermassen bekannt, während uns Nachrichten über den Ursprung und den Mittellauf derselben soviel wie gänzlich fehlen. Nur der Atabapo und der Ynirida sind uns in ihrem ganzen Laufe näher bekannt geworden.

Die Erforschung des ersteren verdanken wir namentlich

*) Ich denke dabei auch an den „Weissen Nil", der trotz seines Namens ein „tintenschwarzes" Wasser hat. (Siehe Schweinfurth: „Im Herzen von Afrika", während der Jahre 1868—1871, Leipzig 1878 S. 17.) [1]) Humboldt, Reisen etc. S. 192.

Humboldt,[1]) Montolieu[2]) und dem Grafen Stradelli.[3]) Seinen Ursprung hat er südlich des Orinoco, wo er als Atacavi[4]) unter 3° n. B. aus mehreren Seen entsteht und unter diesem Namen etwa 160 km nach Westen fliesst, um sich bei S. Cruz mit dem Temi zu vereinigen. Dieser letztere hat seine Wiege südlich des 3. Breitengrades, fliesst zuerst nach Südwesten bis Yavita, empfängt hier den ebenfalls schwarzen Tuamini und wird darauf durch eine von Norden nach Süden streichende Hügelkette nach Norden geworfen. Der Temi bildet auf seinem Laufe zahlreiche Stromschnellen und empfängt eine Reihe von kleineren schwarzen Tributären. Seine Ufer sind äusserst einförmig und von Urwäldern begleitet. Er bildet auf seinem ebenen Terrain zahllose Schlingen, und der Wald steht meist bis 10 km weit vom Ufer entfernt unter Wasser. An seiner Mündung hat der Temi eine Breite von 155 bis 175 m, eine Breite, die ihn in Europa das Recht gäbe, sich dort bedeutenderen Flüssen an die Seite zu stellen.

Bei Cruz vereinigen sich, wie schon erwähnt, Atacavi und Temi zum Atabapo. Verstärkt durch eine Reihe weiterer Zuflüsse, von denen nur der bei Baltazar mündende Garza omari und der oberhalb Chamucida endende C. Ucaqueni genannt sein sollen, eilt nun der Fluss in vorherrschend nördlichem Laufe dem Orinoco zu, den er bei S. Fernando de Atabapo hart unter dem 4° n. Breite erreicht.[5])

Da es am Atabapo fast das ganze Jahr hindurch regnet, so ist der Fluss beständig hoch. Er hat überall ein eigentümlich einförmiges Aussehen und das eigentliche Ufer ist nirgends sichtbar, da es beständig überschwemmt ist.

Ein grosser Kontrast besteht zwischen der Atabapo-

---

[1]) Humboldt, A. v., „Reisen in die Äquinoktial-Gegenden.“ [2]) Siehe: Bulletin de la Soc. de Ggr. de Paris, April 1888. [3]) Stradelli, E., Note di viaggio nell' Alto Orinoco (con 17 disegni et una carta) B. S. Geogr. Ital. Ser. 3 Vol I 1888. [4]) Sievers: „Amerika“ S. 192. [5]) Vergl. „Karte des Bifurcations-Gebietes des Orinoco,“ Geogr. Rundschau III Heft 4.

und Orinocolandschaft. Humboldt gibt davon eine treffliche Schilderung. Er sagt: „Sobald man das Bett des Atabapo betritt, ist alles anders, die Beschaffenheit, der Lauf, die Farbe des Wassers, die Gestalt der Bäume am Ufer. Bei Tage hat man von den Moskiten nicht mehr zu leiden, die Schnaken mit langen Füssen (Zancudos) werden bei Nacht sehr selten, ja oberhalb der Mission San Fernando verschwinden diese Nachtinsekten ganz. Das Wasser des Orinoco ist trübe, voll erdiger Stoffe, und in den Buchten hat es wegen der vielen toten Krokodile und anderer faulender Stoffe einen bisamartigen, süsslichen Geruch. Um dieses Wasser trinken zu können, mussten wir es nicht selten durch ein Tuch seichen. Das Wasser des Atabapo dagegen ist rein, von angenehmem Geschmack, ohne eine Spur von Geruch, bei reflektiertem Lichte bräunlich, bei durchgehendem gelblich. Das Volk nennt dasselbe „leicht", im Gegensatze zum trüben, schweren Orinocowasser. Es ist meist um 2°, der Einmündung der Temi zu um 3° kühler als der Orinoco. Wenn man ein ganzes Jahr lang Wasser von 27° bis 28° trinken muss, hat man schon bei ein paar Graden weniger ein äusserst angenehmes Gefühl. Diese Temperatur rührt wohl daher, dass der Fluss nicht so breit ist, dass er keine sandigen Ufer hat, die sich am Orinoco bei Tag auf 50° erhitzen, und dass der Atabapo, Temi, Tuamini und der Rio Negro von dichten Wäldern beschattet sind."

Die Länge des Atacavi-Atabapo beträgt 260 km;[1]) die Quellseen des Atacavi liegen ungefähr 300 m über dem Meere; Yavita am Temi besitzt nach Humboldt eine Meereshöhe von 323 m (nach Montolieu 300 m), San Fernando de Atabapo 238 (nach Montolieu 237 m). Die mittlere Geschwindigkeit des. Atabapo beträgt 650—600 mm in der Sekunde.

Ein anderer Schwarzwasserfluss im Orinokogebiete, der fast bis zu seiner Quelle befahren wurde, ist der Ynirida, ein Nebenfluss des Guaviare. Der Franzose F. Montolieu

[1]) Als Vergleich: „Die Länge der Isar beträgt 270 km, die der Aar 280 km."

war es, der ihn näher erforscht hat.[1]) Man verlegte früher seine Wiege auf die Cordillieren; allein das ist nicht richtig. Er hat vielmehr seinen Ursprung auf einem Höhenzug, der sich westlich des 72° östl. L. ungefähr 34 km nördlich und südlich des 2° n. B. erstreckt, den Namen Yimbi führt und den westlichsten Ausläufer der Wasserscheide zwischen Orinoco- und Amazonassystem bildet.

Verstärkt durch mehrere andere Quellflüsschen überschreitet der Ynirida den 2° n. Br. und wird dann durch eine herantretende Hügelkette nach Nordosten gedrängt. Diese Kette zeigt in ihrem Verlaufe eine Reihe von tiefen Einschnitten, und die Annahme Montolieus, dass vom Ynirida zum Guainia eine direkte Verbindung bestehe, wenigstens zur Hochwasserzeit, wird dadurch fast zur Gewissheit erhoben. Auch Humboldts Erkundigungen bei den Indianern decken sich mit dieser Annahme.[2])

Er ist in Granit eingebettet und zeigt sehr zahlreiche Stromschnellen und Katarakte. Seine Länge beträgt ungefähr 400 km.

Auf der linken Seite empfängt der Orinoco noch als schwarze Zuflüsse den C. Mataveni und den C. Zama, von denen aber leider nicht viel mehr bekannt ist, als ihre Mündung.[3])

Von rechts strömen ihm zahlreiche Flüsse Westguayanas zu, darunter ebenfalls solche mit dunkler Färbung. So münden in der Ebene von Esmeralda, am Fusse des bekannten Duidas, zahlreiche Schwarzwasserflüsse und -bäche, die durch ihre Reinheit und Klarheit dem Guainia-Wasser vollständig ähnlich sind.[4]) Auch der Padamo, den Robert Schomburgk[5]) und Georg Hübner[6]) uns bekannt gemacht haben, zeigt jene dunkle Farbe. Er ist ungefähr 250 km lang und hat seine Quelle auf der Sa. Pacaraima. In seinem Oberlaufe ist er 30—40 m breit

[1]) Bulletin de la Soc. de Geogr. de Paris; April 1888. [2]) Humboldt, Bd. III S. 264. [3]) Ebenda Bd. III. S 192. [4]) Ebenda Bd. IV S. 54. [5]) Schomburgk Robert, „Reisen in Guiana und am Orinoco". S. 441, 448, 452, 451, 455, 458, 459. [6]) Hübner Georg, „Reise im Orinocogebiet." (Deutsche Rundschau 1898 S. 19.)

und zeigt eine sehr rasche Strömung. (3 Meilen in der Stunde.) In seinem Mittellaufe ist er 80—90 m breit und bildet hier unzählige Wasserfälle. Am grossartigsten darunter ist der Katarakt bei der Vereinigung des Kundanama mit dem Padamo.

In seinem Unterlaufe breitet sich der Padamo immer mehr aus und bildet flachere Ufer. Die Strömung wird hier sehr gering, aber das Wasser nimmt nach der Aufnahme des Matakuni eine hellere Färbung an. Bei seiner Mündung in den Orinoco hat der Padamo eine Breite von 260 m (nach Hübner nur 150 m!). Die Indianer nennen den Fluss Parámu.

Ein anderer Schwarzwasserfluss Guayanas, der zum Orinocosystem gehört, ist der Cannaracuna, der dem Mérêwari von West-Nord-West her zufliesst. „Sein Wasser ist schwarz", schreibt Schomburgk, „und bildet einen strengen Kontrast gegen die rötlichen Fluten des Mérêwari." Der Cannaracuna ist ziemlich seicht und windet sich unter zahllosen Wasserfällen im Sandsteingebiet dahin. Seine Mündung in den Mérêwari erfolgt unter 4° 30 n. Br.[1])

II. Die schwarzen Flüsse Guayanas.

Neben den bereits behandelten Strömen Guayanas, die dem Orinoco tributär sind, fliessen auch manche Schwarzwasserflüsse Guayanas dem Atlantischen Ozean direkt zu. Die Entdeckungsgeschichte von einigen derselben reicht bis in die Zeit der Conquistadoren und Goldsucher zurück, allein die Namen eines Hortsmann aus Hildesheim, eines Don Francisco Jose Rodriguez Barata, eines Don Antonio Santos, eines Philipp v. Hutten und wie sie alle heissen,[2]) haben mehr historisches, als geographisches Interesse. Von wissenschaftlichem Werte für die Erforschung Guayanas waren erst die Reisen der Brüder Robert und Richard Schomburgk,[3]) die von der „Royal Geographical

[1]) Schomburgk, Robert, a. a. O. S. 427 und 428. [2]) Siehe Schomburgk, Richard, „Reisen etc." II. Tl. S. 373; Schomburgk, Robert. S. XV—XXIV Vorwort. [3]) a. a. O.

Society in London" dorthin gesandt wurden. Bedeutend sind auch die Forschungen F. Appuns,[1]) der 1849—1868 unermüdlich in Guayana und Venezuela thätig war, sowie die Reisen und geologischen Aufnahmen Guayanas durch Charles Barrington Browns im Jahre 1870.[2]) 1875 durchforschten sodann Sawkins und Galmers Britisch-Guayana,[3]) 1878 weiter gelangte Thurn auf seiner Reise dortselbst den Essequibo und Rupununi hinauf nach den Pirara und Quatata und auf der Wasserscheide von da nach dem brasilianischen Fort Joaquim am Rio Branco.[4]) 1883 bis 1885 endlich reiste H. A. Crevaux vom Rio Branco zu den Quellen des Essequibo, worauf er dann den oberen Trombetas untersuchte.[5])

Betrachten wir nun einzelne dieser Schwarzwasserflüsse von Guayana, die ihre Fluten dem Atlantischen Ozean zusenden.

Hieher gehört der: 1. Barima.[6]) Er entsteht auf dem Imatacagebirge und wurde von Richard Schomburgk fast bis zur Quelle befahren. Der ganze Oberlauf des Flusses ist in das Urgebirge eingebettet (pag. 210) und zeichnet sich durch seine reissende Strömung aus. Schon bei seiner Aufnahme des Rocky-River hat der Fluss eine Breite von circa 10 m (pag. 210). Zahlreiche Katarakte und zahllose übereinander gestürzte Bäume, die den Fluss nach allen Richtungen hin durchkreuzen, bilden der Flussfahrt ein unübersteigliches Hindernis. Die Strömung betrug nach Schomburgk 6,5—7 km per Stunde. Seine bedeutendsten Zuflüsse sind auf dieser Strecke der Rocky River, Mehokawaina, Wanama, Nakukai.

Der Fluss, der bis Manari, deren Lage Schomburgk auf 7° 35' 34" n. B. und 60° 0' 36" w. L. bestimmte, östliche Richtung hat, fliesst von da ab nordöstlich bis Honobo, immer noch sich im Urgebirge bewegend. Bei Manari hat er bereits eine Breite von ungefähr 40 m und zeigt noch die gleiche dunkle Farbe wie bei seinem Ursprung. Sein Zufluss Amissi steht in Verbindung mit dem Kaituma und ist auch deshalb noch merkwürdig, weil bis zu seiner Mündung die Einwirkungen der Ebbe und Flut deutlich noch erkennbar sind.[7])

---

[1]) Appun, C. F., „Unter den Tropen". Wanderungen durch Venezuela, am Orinoco, durch etc. etc. 1849—1868 (Jena 1871). [2]) Proceedings of the R. Geogr. Soc. of. London, Vol. XV No. 2. [3]) Pet. Mittlg. 1900 S. 140. [4]) Pet. Mittlg. 1880 S. 441. [5]) Pet. Mittlg. 1900 S. 140. [6]) Die Beschreibung des „Barima" ist zusammengestellt aus Rich. Schomburgks „Reisen etc." I. Teil. [7]) Schomburgk, a. a. O. S. 190

Von Honobo an beginnt der Barima seinen Tieflandslauf und wird hier zugleich zum Küstenstrome. Seine wichtigsten Tributäre sind auf dieser Strecke der Kaituma und der Aruka, von denen der erstere an seiner Mündung ungefähr 60 m breit ist und schon in seinem Mittellaufe durch zahlreiche Bäche und Flüsschen mit dem mittleren Barima in Verbindung steht. Der Aruka, den Schomburgk fast bis zur Quelle verfolgt hat, ist dunkelschwarz, aber unklar und läuft mit dem Kaituma parallel. Da sich die Wasserscheide zwischen Barima und Amacuru an den Quellen des Aruau, einem Seitenflusse des Aruca, bis zu 12—20 m senkt, so könnte es nach Schomburgk nichts leichteres geben, als einen Kanal hier zwischen Barima und Amacuru herzustellen, der von grossem Vorteil für den Verkehr wäre (pag. 155). Mit dem Waini steht der Barima bereits in Verbindung und zwar mehrere Male. Namentlich ist es der Mora-Creek (oder der Maro-wan der Indianer), der eine bequeme Wasserstrasse zwischen den beiden Flüssen herstellt. Bei seiner Abzweigung vom Waini hat dieser Kanal eine Breite von ungefähr 40 m und eine Tiefe von 5 m, bei seiner Vereinigung mit dem Barima eine Breite von 220 m und eine Tiefe von 6—9 m.

Bei seiner Mündung, die grösstenteils versandet ist, hat der Barima eine Breite von etwa 50—60 m. Die Länge des ganzen Stromes beträgt ungefähr 400 km (vgl. die Ems = 400 km).

Während sein Wasser im Unterlaufe zwar dunkel, aber getrübt und salzig erscheint, „sind seine Fluten im Ober- und Mittellaufe ebenso klar und schwarz als die des Takutu und Rupununi" (Bd. II S. 102 bei Schomburgk).

2. Der Essequibo, der grösste Fluss Guayanas, zeigt in seinem Quellgebiete bezüglich seiner Färbung die gleiche Erscheinung wie der Barima.[1]) Sein Name scheint, ebenso wie derjenige aller guayanischen Flüsse, einheimischen Ursprungs zu sein, wenigstens nach der Endung „bo" zu schliessen. Gleichwohl, sagt Reclus, berichtet Schomburgk von einer Legende, welche die Entstehung dieses Wortes auf einen Begleiter Christoph Columbus', auf Don Juan Essequibel oder Jaizquibel, zurückführt.[2]) In der Region, wo er sich in den Atlantischen Ocean ergiesst, haben ihm die Uferbewohner den Namen Aranauma gegeben.[3]) Er ist etwas weniger lang als ihn die Karten von Schomburgk und Brown darstellen. (Das Quellgebiet des Essequibo rückt nach Coudreau

[1]) Schomburgk, Robert, S. 121. [2]) Reclus, Bd. 19 S. 15.
[3]) Reclus, Bd. 19 S. 15.

fast um einen Breitengrad weiter nach Norden, als ihn die Schomburgk'sche Karte angibt.[1])

Die Wiege des Essequibo liegt auf der Sierra Acarai, einem dichtbewaldeten Granithügelzuge, der von S.-W. nach N.-O. streicht. Die beiden Quellflüsse sind der Chipwa oder Essequibo und der Jaore.[2]) Zur Regenzeit stellen in seinem Ursprungsgebiet zahlreiche Lagunen eine Verbindung mit dem Trombetas, einem Amazonastributär, her.[3]) Sein Bett ist im Oberlaufe vollständig in Granit und Gneis eingegraben und wird durch unzählige Katarakte und Stromschnellen, unter denen der „König Wilhelm IV. Katarakt" am bekanntesten ist, unterbrochen. Die Breite des Stromes wechselt hier zwischen 30 und 50 m, und die Geschwindigkeit beträgt 2⅓ Meilen in der Stunde. Zur Zeit der Überschwemmungen, vom Dezember bis März, erhebt sich der Fluss bis gegen 10 m über seinen normalen Spiegel.[4]) Da dieser Teil des Flusses bis zur Aufnahme des Rupununi schwarze Färbung zeigt, so wollen wir ihn als Oberlauf bezeichnen, im Gegensatze zu seinem Mittellauf, den wir von der Mündung des Rupununi bis zum Austritt aus dem Berglande rechnen, und der gekennzeichnet ist durch die verschiedene Färbung des Essequibowassers, bedingt durch die Aufnahme der oft anders gefärbten Nebenflüsse.

Robert Schomburgk schreibt über diese Wasserveränderung des Essequibo folgendes: „Bei dem Wilhelmskatarakt ist sein Wasser dunkelbraun, das sich aber erhellt, sobald es den weissen Rupununi aufgenommen; weiter nördlich wird er durch die roten Wasser des Siparuni abermals gefärbt, und noch weiter nach Norden gibt ihm der Potara seine frühere Farbe zurück, die er auch nun bis zu sainer Vereinigung mit dem Mazaruni und Cuyuni beibehält, worauf er wieder die Farbe annimmt, die er nördlich vom Rupununi hatte.[5])

Von der Mündung des Mazaruni-Cuyuni an beginnt der Unterlauf des Essequibo. Der Fluss hat hier bei einer mittleren Breite von 8 Seemeilen noch 45 Seemeilen bis zu seinem Einfluss in den Ozean. Der Essequibo gleicht auf dieser Laufstrecke mehr einem See als einem Fluss Die Mündung selbst ist 14 Meilen breit und wird durch drei flache Inseln in vier Kanäle geteilt, von denen die grösste Insel, Wakenaam, sieben Meilen lang ist.[6])

[1]) Vgl. Schomburgk, Richard, „Reisen in Britisch-Guiana", Bd. I Karte; ferner Coudreau, „La France équinoxiale", Bd. II Karte. [2]) Sievers, „Amerika", S. 74. [3]) Coudreau, Bd. II, S. 360. — Schomburgk, Rich., Bd. II S. 471. [4]) Schomburgk, Rob., S. 314, 315, 316, 318. [5]) Schomburgk, Rob., S. 149. [6]) Schomburgk, Rob., a. a. O. S. 41.

Die Länge des Essequibo beträgt nach Reclus 1000 km (Rhein 1220 km),[1]) seine mittlere Wassermasse in der Sekunde 2000 cbm.

Der Essequibo hat auch zahlreiche direkte und indirekte Zuflüsse; dieselben sind:

a) Der Wapuan, der sich mit „seinem schwarzen Wasser von S.-Osten her in den Essequibo ergiesst.“[2]) Er entsteht auf der Sierra Acarai und scheint ein kleiner Fluss zu sein. b) Der Rupununi.[3]) Er ist im Oberlaufe ein Savannenfluss von Galeriewäldern begleitet und ist in Granit eingebettet. Anfangs schlägt er, von seinem Ursprung aus, nordwestliche Richtung ein, bis ihn der Gebirgszug Patighetiku, der sich auf seinem westlichen Ufer erhebt, diese aufzugeben zwingt. Wenige Kilometer darauf bahnt er sich einen Weg durch wildaufeinander geschichtete Granitmassen, verzweigt sich darauf in eine Menge Kanäle, vereinigt sich dann wieder zu einem Strome und stürzt sich nun als mächtiger Wasserfall über den Granitgürtel von Cutatarua, der ungefähr 160 geogr. Meilen von der Mündung entfernt liegt.

Der Mittel- und Unterlauf des Rupununi hat lehmige und sandige Ufer,[4]) denen der Fluss seine nun lehmgelbe Farbe zu verdanken hat.[5]) Seine mittlere Breite beträgt 30—40 m. Auffallend ist seine geringe Tiefe, die meist 1 m nicht überschreitet.

c) Der Mapire, ein Nebenfluss des Rupununi. Schomburgk schreibt über ihn: „Der Fluss Mapiri, der sich um den nördlichen Fuss des Berges gleichen Namens herumwendet, vereinigt sich beim Eintritt in die Gebirge mit dem Rupunini von Osten her. Er hat schönes, schwarzes, kühles Wasser.“[6]) d) Der Siroppafluss. Von ihm sagt Schomburgk:[7]) „Am östlichen Ufer des Essequibo erhoben sich einige Berge, die ihren Namen von einem Flüsschen erhielten, das an ihrem Fusse hinströmt und so schwarz ist, dass es die Indianer Siroppabach nannten, weil sein Wasser dem Syrup des Zuckers an Farbe, wenn auch nicht an Süssigkeit,

[1]) Reclus, Bd. 19 S. 27. [2]) Schomburgk, Robert, S. 313. [3]) Schomburgk, Richard, Bd. II S. 101 und 102. [4]) Schomburgk, Robert, S. 22, 66, 68, 75. 93, 120. [5]) Schomburgk, Robert, S. 93. [6]) Ebenda, S. 79. [7]) Ebenda, S. 139.

gleicht. Der Indianer ist nie über einen passenden Namen in Verlegenheit. Wahrscheinlich wurden sie mit dem Flüsschen erst bekannt, als die ersten Ansiedler schon angekommen waren und das Zuckerrohr gebaut hatten. Sie sahen den Syrup, und indem sie bemerkten, dass die trägen Wasser des Baches dieselbe Farbe hatten, hängten sie einen Vocal an das fremde Wort und indianisirten es.“ e) Der Potaro- oder schwarze Fluss. Er wurde von B. Brown im April 1870 befahren.[1]) Seine Wiege hat er auf der Sierra Pacaraima und mündet nach einem Laufe von etwa 130 km unter 5⁰ 21′ n. B. und 58⁰ 54 w. L. v. G. in den Essequibo. Nach Browns Berichten bildet er einen Wasserfall ersten Ranges, den „Kaieteur“, der einen ununterbrochenen Fall von 741 engl. Fuss (230 m) hat. Sein Wasser ist klar und schwarz.[2]) f) Der Mazaruni. Er ist grösstenteils ein Savannenfluss und hat seine Quelle auf dem Ayancaña-Gebirge. Seine Länge beträgt ungefähr 400 km (Neckar 370 km). Für die Schiffahrt ist er beinahe ganz verschlossen. Bei den Katarakten von „Cichi“ (in der Sprache der Macusi, „Sonne“ bedeutend), steigt er von 420 m auf 150 m auf einer Strecke von 13 km herab.[3]) Er ist ganz in Sand- und Granitsteine eingebettet und wird von Galeriewäldern begleitet. Sein Wasser ist krystallhell und schwarz.[4]) g) Der Marawar, ein Nebenfluss des in den Cuyuni mündenden Wenamu. Seine Vereinigung mit dem Wenamu erfolgt in der Nähe des Bergzuges Auran-tipu.[5]) h) Der Ekruyeku ist ebenfalls ein schwarzer Fluss, „der ziemlich die Breite des Wenamu und ganz das kaffeebraune Wasser des Rio Negro hat.“[6])

Ein weiterer Schwarzwasserfluss Guayanas, der sich in den Atlischen Ocean ergiesst, ist der

3. Demerara, ein Parallelfluss des Essequibo. Die

[1]) Siehe Engl. Wochenschrift „Nature“ und Proceedings of the R. Geogr. Soc. of. London; Vol. XV N. II. [2]) Schomburgk, Rob., S. 52 u. 148. [3]) Reclus, Bd. 19 S. 20. [4]) Schomburgk, Rob., S. 43 u. 68. [5]) Schomburgk, Rich., Bd. II S. 348. [6]) Ebenda, Bd. II S. 348.

Entfernung zwischen diesen zwei Flüssen beträgt nirgends kaum mehr als 18—20 Meilen, und die Wasserscheide zwischen beiden liegt näher dem Essequibo als dem Demerara. Seinen Ursprung hat letzterer Fluss auf dem Maccari-Gebirge, das sich unter dem 4° 28' n. Br. dem Essequibo nähert. Ebenso, wie sein Parallelbruder, hat sich der Demerara in seinem Ober- und Mittellaufe in das Urgebirge eingegraben und ist dabei bestrebt, auch die Windungen und Stromveränderungen desselben nachzuahmen. In seinem Unterlaufe ist er Tieflandsfluss und der Einwirkung der Ebbe und Flut so bedeutend unterworfen, dass das Fallen und Steigen des Stromes 50 km von Georgetown entfernt noch ungefähr 12—16 Fuss (4—5 m) beträgt.

Eine besondere Eigentümlichkeit des Flusses sind die „schwimmenden Grasinseln" an seiner Mündung, die Schomburgk vortrefflich geschildert hat. Die Länge des Stromes beträgt 280 km, die ungefähr der des Lechs (260 km) oder der der Isar (270 km) gleichkommt. Die Breite an der Mündung beläuft sich auf 2—3 km. Auch der Demerara ist nur in seinem Unterlaufe (80—100 km) von grösseren beladenen Schiffen befahrbar, in seinem Mittel- und Oberlaufe bilden dagegen zahlreiche Stromschnellen und Fälle dem Verkehr ein fast unüberwindbares Hindernis. Von seiner Wasserfarbe sagt Robert Schomburgk: „Der Demerara hat in seinem Oberlaufe eine dunkle Färbung und ist in seinem Äussern bedeutend von dem schmutzigen Flusse verschieden, den er bei Georgetown bildet." [1])

Ein weiterer Schwarzwasserfluss Guayanas, der zugleich Hauptstrom ist, ist der

4) Berbice,[2]) dessen Länge 560 km (vergl. Inn 520 km; Main 520 km) beträgt. Seine mittlere Wassermasse in der Sekunde beläuft sich auf ungefähr 500 cbm. Bei seiner Mündung ist er 5—6 km breit und 8—10 m tief. 100 km aufwärts ist er noch ebenfalls so tief und hat immer noch eine mittlere Breite von 2 km. Oft wird er auf dieser Strecke sogar „seeartig" und bietet der Schiffahrt günstige Verhältnisse. Vom 5° n. B. an bis zu seinem Ursprunge ist

---

[1]) Siehe Rich. Schomburgk Bd. II S. 102; Rob. Schomburgk, S. 48, 51, 65, 150, 284; Reclus, Bd. 19 S. 27. [2]) Schomburgk, Rob., S. 193, 194, 196, 197, 204, 211, 214, 217, 294.

der Berbice dagegen fast unpassirbar. „Die Fahrt auf dem Flusse“, schreibt Rob. Schomburgk, „ist in dieser Gegend, wo Stromschnelle auf Stromschnelle und Fall auf Fall folgt, so schwierig, dass wir nach zweitägiger, höchst ermüdender Arbeit kaum 5 Meilen vom Itabru entfernt waren. Oft brauchten wir gegen zwei Stunden, um nur 180 m vorwärts zu kommen, wozu die vereinten Kräfte der ganzen Mannschaft erfordert wurden.“ Landschaftlich bietet aber der Fluss auf diesem Laufe herrliche Reize; namentlich der „Weihnachts-Katarakt“ soll nach Schomburgk seinesgleichen in dieser Beziehung suchen. Auch der Berbice fliesst in seinem Mittel- und Oberlaufe im Urgebirge dahin.

Die schwarzen Flüsse des Berbice-Systems sind:

a) Der Waironi. Ein direkter Nebenfluss des Berbice und etwa 120 km lang. Die Strömung in seinem Oberlaufe ist so stark, dass Rob. Schomburgk in 1 Stunde bei seiner Thalfahrt 12 km zurücklegen konnte. Bei der Aufnahme des Yawari ist der Waironi 15 m breit und 3 m tief. Die Wasserfarbe ist hier bedeutend dunkler als an der Mündung; gleichwohl ist sein Wasser auch dort noch „ziemlich schwarz und vollkommen klar.“ Bei seiner Vereinigung mit dem Berbice hat er bereits eine Breite von 90 m und eine Tiefe von 7–8 m. Zahlreiche Krümmungen sind seinem Laufe eigentümlich.[1])

b) Der Yawari. Er hat eine nördliche Laufrichtung, hellbraunes Wasser und ist ein Zufluss des Waironi von Süden her.[2])

c) Der Wañoka, ebenfalls ein Nebenfluss des Waironi; er ist bei seiner Mündung so gross wie der Waironi an dieser Stelle und ebenso schwarz.[3])

d) Auf Seite 290 seines Werkes erwähnt Robert Schomburgk ebenfalls einen Fluss, der schwarzes Wasser hatte, eine sehr bedeutende Strömung besass und wahrscheinlich zum Berbicesystem gehört.

[1]) Rob. Schomburgk, S 278, 282, 284, 288. [2]) Schomburgk, Rob., S. 282. [3]) Ebenda, S. 282.

e) Ferner berichtet Rob. Schomburgk:

„Während wir den Berbice hinaufstiegen, stiessen wir auf einen kleinen Fluss, der bei einer Breite von 15 Yards (28 m) sein schwarzes Wasser unter 4° 21′ n. Br. in den Berbice ergoss, worauf er von „West bei Süd herfloss". (pag. 262 und 264.)

5. Ein kleinerer Schwarzwasserfluss Guayanas, der in den Atlantischen Ocean sich ergiesst ist der

Canje. Seine Länge beträgt ungefähr 150 km. In seinem Oberlaufe ist er „ziemlich dunkel gefärbt und hat eine reissende Strömung, etwa 7 km in der Stunde." Zahlreiche Krümmungen sind ihm ebenso eigen wie seinen Parallelflüssen. Seine Mündung erfolgt unterhalb New-Amsterdam in den Atlantischen Ocean.[1])

6. Ein mächtiger Atlantic-Tributär ist wieder der

Corentyn, der ebenfalls ein Parallelfluss des Essequibo ist. „Der Corentyn", schreibt Reclus, „ist bereits ein mächtiger Fluss, wenn er die Felsen passirt, wo sein westlicher Begleiter, der Berbice, entspringt." [2]) Er entsteht auf der Sierra Acarai, welche die Wasserscheide bildet zwischen dem Bassin des Amazonas und den zum Atlantischen Ocean fliessenden Guayana-Strömen. Bis zum 5° n. Br. fliesst er im Guayanischen Berglande dahin, für die Schifffahrt vollständig untauglich. Während der Regenzeit erhebt er sich hier 6—8 m über seinen normalen Wasserstand. Seine Strömung ist ziemlich stark, und seine Breite beträgt bei den Mavari-Monotopo-Fällen bereits 800 m. Die Wasserfarbe ist schwärzlich.

Der Unterlauf des Corentyn, vom 5° n. B. an, bewegt sich im lockeren, kieselartigen Konglomeratboden, untermischt mit rotem Sandstein, kleinen Körnern abgerundeten Quarzes, schieferhaltigem blauen Thon, lockeren Sandlagern etc. Die Flut ist 70 Meilen von der Mündung entfernt noch 30 Zoll hoch. Die Ufer sind meist niedrig; bei 5° 15′ n. Br. hat der Fluss bereits eine Breite von 1200 m; 40 Meilen von der Mündung entfernt eine solche von 2 km im Durchschnitte. Die Mittelhöhe der Flut beträgt an der Mündung 2—3 m.

---

[1]) Schomburgk, Rob., S. 291. [2]) Reclus, Bd. 19 S. 20.

Die ganze Stromlänge des Corentyn beläuft sich auf 725 km (vergl. Weser 650 km), seine mittlere Wassermasse in der Sec. auf 1000 cbm.[1])

Der grösste Nebenfluss des Corentyn ist ebenfalls ein Schwarzwasserfluss; nämlich

der Cabalaba. Dieser ist an seiner Mündung, ungefähr unter dem 5. N. n. Br., 90 m breit, erweitert sich aber 6 Meilen weiter oben um ein Beträchtliches. Seine durchschnittliche Tiefe beträgt auf dieser Strecke 2—3 m. Der Oberlauf ist noch nicht befahren worden.

Wie sein Hauptfluss, der Corentyn, bildet auch er zahlreiche Windungen und Catarakte. Seine Ufer sind dicht bewaldet und bestehen aus Sandsteinen und Granit. „Der Cabalaba", schreibt Rob. Schomburgk, „erinnert mich wegen der Farbe seines Wassers, seiner zahlreichen kurzen Biegungen, seiner spitzen Sandbänke und der ähnlichen Fische, wozu auch der Stachelroche gehört, lebhaft an den oberen Rupununi."[2])

III. Die schwarzen Flüsse des Amazonen-Thales.

Herr Friedrich Katzer, früher Landesgeologe in Para, jetzt Landesgeologe in Sarajevo, hatte die liebenswürdige Güte, dem Verfasser zu schreiben: „Der Typus der Schwarzwasserflüsse Süd-Amerikas ist der Rio Negro im Staate Amazonas. Der in Südamerika, besonders im Amazonasgebiet allgemeine Sprachgebrauch bezeichnet jedoch als Schwarzwasserflüsse auch jene, deren Wasser im auffallenden Lichte dunkelgrün erscheint, wenngleich es viel klarer ist als die sog. ‚weissen' Flüsse. Vielleicht wollen Sie diese auch in den Kreis Ihrer Darstellung ziehen. Dann könnten Sie vom Tapajós, als den Typus eines solchen ‚schwarzen' Flusses ausgehen. Schwarzwasserflüsse dieser Art sind mehr oder minder alle Zuflüsse des Amazonas; dieser selbst aber ist ein ‚Hellwasserfluss'."

Die Ausscheidung zweier verschiedener Typen von Schwarzwasserflüssen, wie sie sich nach der dankenswerten Mitteilung des Herrn

---

[1]) Siehe: a) Rob. Schomburgk: 164, 165, 166, 168, 169, 170, 179, 180, 183, 203. b) Rich. Schomburgk: II. Bd. 476, 477, 478, 480, 481, 482. c) Reclus, Bd. 19 S. 27. [2]) Rob. Schomburgk, S. 173, 174.

Katzer ergibt, soll uns nun vorerst noch nicht beschäftigen, ebensowenig die etwaige verschiedene Ursache der Wasserfärbung, da ich diese zwei Punkte in einem späteren Abschnitte speziell einer näheren Prüfung unterziehen werde. Ich will in diesem Kapitel, ohne Rücksicht auf die Ursache der schwarzen Färbung, alle jene Flüsse als Schwarzwasserflüsse behandeln, die von wissenschaftlich gebildeten Reisenden als solche bezeichnet sind, und zwar werde ich nur diejenigen Gewässer näher in den Bereich meiner Abhandlung ziehen, bei denen eine schwärzliche Farbe ausser allem Zweifel steht. Freilich wäre die Anzahl der Amazonasschwarzwasserflüsse eine sehr erhebliche, ja fast alle derselben dürften, wenigstens zur Trockenzeit, wie wir später noch erfahren werden, eine Schwarzfärbung ihrer Fluten aufweisen; allein vorerst sind teils viele Flüsse bezüglich ihrer Farbe noch nicht näher untersucht, teils liegen so abweichende, ja oft sich widersprechende Aussagen darüber vor, dass bei ihrer zweifelhaften Kenntnis in dieser Hinsicht eine Behandlung an diesem Platze nicht thunlich erscheinen dürfte.

— — — — — — — — — — — — — — — — —

Betrachten wir nun jene Flüsse des Amazonasgebietes, die zweifellos in den Rahmen unserer Abhandlung gehören!

a) Die linksseitigen Schwarzwassernebenflüsse des Amazonas.

1. Der Trombetas. Die wissenschaftliche Erforschung dieses Stromes beginnt mit R. Schomburgk,[1]) der auf seiner Reise nach Guayana i. J. 1840—44 auch das Quellgebiet des Trombetas erforschte. Schomburgk sowohl, wie nach ihm Spruce und Pena[2]) und der Missionar Carmello Mazarino[3]) haben uns manch wertvolles Material über das Trombetasgebiet geliefert. Wichtiger noch für unsere Kenntnis sind die Untersuchungen des Stromes geworden, die Barboza Rodriguez[4]) in Gemeinschaft mit einer englischen Kommission, bestehend aus C. Barrington

---

[1]) Schomburgk Rich., II. Tl. S. 471. [2]) „Untersuchung einiger Nebenflüsse des Amazonas." (Zeitschrft. d. Ges. f. Erdk. z. Brl. Bd. 17 S. 389.) [3]) Ebenda. [4]) Exploraçâo e Estudo do Valle do Amazonas. Relatorio apresentado ao Illmo etc. Ministro e Secretario de Estado dos Negocios de Agricultura etc. por J. Barboza Rodriguez — Rio Trombetas, 39 S. Rio de Janeiro 1875 S. 1 Karte.

Brown, Trail und W. Lidstone[1]) im Jahre 1874 vornahm. Rodriguez verdanken wir auch eine kartographische Aufnahme des Trombetasunterlaufes und eine Beschreibung dieses Flusses.[2]) Freilich, manche Unrichtigkeiten der Rodriguezschen Karte, die auch den Unterlauf der Flüsse Nhamundá, Uatuma und Uruba darstellt, musste durch die neueren Forschungen korrigiert werden;[3]) verlässiger als sie sind deshalb auch die kartographischen Arbeiten von H. A. de Rosa, der eine „Karte des Staates Pará"[4]) zeichnete, sowie jene von José Verissimo,[5]) der sein grosses Material, das ihm zur Benützung stand, in der „Karte des Grenzgebietes der Staaten Pará und Amazonas" niederlegte. Die beste Karte vom Unterlaufe des Trombetas stammt von Friedrich Katzer.[6]) Katzer hat dieses Gebiet selbst gesehen und bereist. Bei Bearbeitung seiner Karte stützte er sich aber, wie er selbst angibt, vorzüglich auch auf die topographischen Arbeiten des belgischen Ingenieurs Haag und der französischen Ingenieure Le Blanc und Robert, die gelegentlich der Vorarbeiten zur Errichtung einer Telegraphenlinie von Obidos nach Faro (1890—1892) die Landschaft aufnahmen.

Für die geologische Kenntnis des unteren Trombetasgebietes ist die treffliche Arbeit von Orville A. Derby[7]) grundlegend geworden. Als weitere Erforscher dieses Stromes reihen sich noch an Ferolles[8]) und Crevaux,[9]) sowie Coudreau,[10]) welch letzterer 1899 die Frage des Mittellaufes endlich löste.

Gehen wir nun auf die Beschreibung des Flusses selbst ein!

Der Rio Trombetas entsteht aus den Quellflüssen Caphiwuin oder Apiniau und dem Wanamu,[11]) die beide reissende Gebirgsbäche mit

---

[1]) C. Barrington and W. Lidstone: Fifteen thousand miles on the Amazon and its tributaries, London 1878. [2]) Siehe: Zeitschrift der Ges. f. Erdk. zu Berlin, Bd. 17 S. 388 (mit Karte). [3]) Pet. Mittlg. Bd. 47 Jhrg. 1901 S. 49. [4]) Mappa do Estado do Pará 1892 (1:500000). [5]) Pará e Amazonas Questão de Limites 1899; Karte 1:125000. [6]) Pet. Mittlg. 1901; Tafel 4. [7]) Orio Trombetas (Boletin do Mus. Parense 1898 II p. 366 ff. [8]) und [9]) Reclus Bd. 19 S. 133. [10]) Voyage au Trombetas 7. aout 1899 - 25. November 1899. 4°. ill. a 68 vign. et 4 cartes, Paris, Lahure 1900. [11]) Schomburgk, Richard, II. Teil S. 471.

gelben, trübem Wasser und zahlreichen Fällen und Katarakten sind. Vom „Wanamu" schreibt Schomburgk: „Seine Strömung betrug ungefähr 1½ Knoten in der Stunde, wobei sein Bett von mächtigen Granitfelsen durchbrochen wurde. Die Berge, an deren Fuss sich der Fluss hinwand, erreichten nur an einzelnen Stellen eine Höhe von 300 Fuss, desto höher aber stieg jeden Mittag die Hitze, da das Thermometer dann gewöhnlich 128° F. in der Sonne zeigte, obschon es am Morgen selten höher als 68° stand." [1])

Über die Fixierung der Vereinigungsstelle beider Quellflüsse gehen die Beobachtungen Schomburgks und Coudreaus auseinander. Ersterer gibt den Zusammenfluss des Apiniau und des Wanamu unter 1°2½' n. B. an,[2]) letzterer unter 0,57'31" n. B.[3]) Diese Ergebnisse bedürfen noch einer sorgfältigen Nachprüfung. Wahrscheinlich hat sich Coudreau durch Barbozas Rodriguezschen Bericht beeinflussen lassen, der die Konfluenz annähernd unter den Äquator setzt.

Eine Aufnahme des Mittellaufes vom Rio Trombetas erfolgte erst, wie schon erwähnt, durch Coudreau.[4]) „In glänzender Weise hat jedoch", wie Ehrenreich schreibt, „dieser Forscher seine Frage nicht gelöst." Doch da bis jestzt eine Nachprüfung von Coudreaus Reiseangaben an Ort und Stelle noch nicht erfolgte, so sind meine Ausführungen über jene Flusstrecke einzig und allein auf diese angewiesen. Darnach fliesst der Trombetas über gewaltiges Sandsteingebiet und hat unzählige Stromschnellen zu überwinden.

Am besten sind wir über den Unterlauf des Rio Trombetas unterrichtet, der bei Porteiro beginnt und durch einen ruhigen Lauf ausgezeichnet ist. Der Fluss verlässt hier das Sandsteingebiet und gräbt sein Bett in alte Schiefer und Granit ein. Von links mündet in ihn der Fluss und See Jacaré; an seinem rechten Ufer liegt zwischen hügeliger Umgebung der Lago Tagagem. Bis hierher können ziemlich grosse Dampfschiffe gelangen, weiter aufwärts ist die Fahrt selbst auf Canoes mühsam und gefahrvoll.[5]) Vom Lago Aguofria bis zum Einflusse des Rio Erepecurú hat der Trombetas östliche Laufrichtung. Seine Ufer sind hier bald hügelig, bald flach, und dichte Galeriewälder begleiten den Strom. Zahlreiche Seen stehen ferner mit ihm in Verbindung, von denen der Lago Juquiry-açu, der Lago Aripeçu, der Lago Mucura und der Lago Batata die wichtigsten sind.

50 Meilen vom Amazonas entfernt mündet in ihn sein grösster Nebenfluss, der Erepecuru, welcher als Rio Cuminia selbst in den besten neueren Karten noch angedeutet erscheint, obwohl letztere Bezeichnung

[1]) Ebenda, S. 475. [2]) Ebenda, S. 474. [3]) Pet. Mittlg. 1900 S. 129. [4]) Coudreau, O., Voyage au Trombetas, Paris 1900. [5]) Zeitschrift d. Ges. f. Erdk. zu Berlin, Bd. 17 S. 389.

lediglich dem östlichen Mündungsarm des Erepecuru zukommt. Der Erepecuru läuft parallel mit dem Trombetas und hat klares, schwarzes Wasser. Sein Bett ist gleichfalls in Granit und Sandstein eingegraben und von zahlreichen Cachoeiros, von denen nach Rodriguez der Cajual, Tremeterra und Inferno die wichtigsten sind, unterbrochen. An seiner Mündung bildet er ein Gewirr von Seen, Kanälen und Inseln, so dass man glauben möchte, ein Riesenstrom Amerikas habe hier sein Delta. Zur Hochwasserzeit steht der Erepecuru in unmittelbarer Communication mit dem Amazonas.

Von der Mündung des letztgenannten Nebenflusses an schlägt der Trombetas südliche Richtung ein, die er auch beibehält bis zu seiner Vereinigung mit seinem Hauptstrome. Er durchfliesst anfangs immer noch das Granit- und Sandsteintafelland, dessen Ränder jetzt oft bis an das Flussufer herantreten. „Wo diese aber zurückweichen," sagt Katzer,[1] „breiten sich im Raume zwischen ihnen und dem Fluss Lagos (Seen) aus, welche, wie die Karte zeigt, jetzt den ganzen Unterlauf fast ununterbrochen begleiten und eine charakteristische Eigenheit desselben vorstellen." Sie sind nichts anderes als Ausweitungen des Flusses, hängen vielfach miteinander zusammen und bilden zur Hochwasserzeit sehr ausgedehnte Wasserflächen, wie namentlich am Nord- und Ostfusse der Serras do Sapucua. Flussaufwärts werden die „Seen" in der Regel von langgestreckten, zuweilen nur wenige Meter breiten Varzeastreifen begrenzt, welche das eigentliche Flussbett wie Uferwälle einsäumen und kanalartige Durchlässe vom Flusse in die Seen freilassen. Zuweilen breiten sich die Varzeastreifen mehr aus und zerteilen sich in Inseln, welche bezeichnenderweise immer in einer Reihe hintereinander liegen. Viele sind bewachsen und daher in ihrer Gestalt und Lage weniger veränderlich als jene, die erst Schlamm- und Sandbänke sind."

Die Entstehung dieser Uferwälle denkt sich Katzer folgendermassen:[2]) Zur Regenzeit werden grosse Mengen Sandes und Thones von dem Tafellande herabgeschwemmt. Vom gleichzeitig anschwellenden Strom wälzen sich die Fluten zu den höheren Uferböschungen hin und bewirken durch ihren Druck, dass die vom Uferland herabströmenden Gewässer ihre Sinkstoffe niederschlagen und sich zunächst zu subaquatischen Wällen anhäufen, welche immer höher und höher werden und Igapó und Varzealand bilden können. Ist die Hochwasserzeit vorüber und sind die Flüsse des Tafellandes dann zurückgetreten, so beginnt der Trombetas nun seine Arbeit, die Sinkstoffanhäufungen parallel zum Stromstriche zu ordnen. Die Stauwasser werden infolgedessen hinter diesen nun gebildeten Stromwällen abgeschlossen, wodurch jene zahllosen

[1]) Katzer, Pet. Mittlg. Bd. 47 S. 50. [2]) Pet. Mittlg. Bd. 47 S. 51.

Seen erzeugt werden, die genetisch vollständig verschieden sind von jenen anderer Amazonaszuflüsse (wie Araguaya, Purus etc.), welche nur abgeschnürte, ehemalige Stromschlingen vorstellen.

Bei der Aufnahme des Sapucua verlässt der Trombetas das Tafelland, betritt nun junges Anschwemmungsgebiet und bildet zugleich sein grosses Delta, das durch seinen sumpfigen Charakter eine wahre Miasmenbrutstätte ist, wodurch der Fluss durch seine mörderischen Fieberepidemien berüchtigt wurde.[1]) Hier ist auch die klassische Stelle der bras. Sage, wo Orellana 1540 den Kampf mit den kriegerischen Weibern bestanden haben will, dem der „Rio das Amazonas" seinen Namen verdankt.[2])

Die Mündung des Trombetas liegt nur 18,4 m über dem Meere;[3]) die Vereinigung seiner beiden Quellflüsse 132 m;[4]) die Länge des ganzen Stromes beträgt ungefähr 570 km,[5]) die Grösse des Stromsystems 123000 qkm.[6]) In der Sekunde wirft der Trombetas 1500 cbm Wasser in den Amazonas.[7])

Die Indianer nennen den Fluss „Oriximia", ein Name, der oft in selbst bedeutenden Kartenwerken für „Trombetas" gebraucht ist.

In seinem Oberlaufe ist der Trombetas durch Detritusmassen getrübt;[8]) wie seine Wasserfarbe im Mittellaufe ist, ist unbekannt, dagegen ist er von Porteira an nach Rodriguez ein echter Schwarzwasserfluss mit „klarem, schwarzen Wasser."[9])

2. Der Rio Negro.

Wie bereits in der Einleitung erwähnt, war es Orellana, der 1540 als der erste europäische Forscher den Amazonas hinauffuhr und an die Mündung des Rio Negro kam. Hundert Jahre später, 1639, berichten uns zwei Jesuiten, Christoval de Acuña und A. Artedia ebenfalls von diesem Strome.[10]) Genauere Kenntnis des Rio Negro verdanken wir aber erst D'Anville. Zwar zeigt seine erste, aus dem Jahre 1750 stammende Karte von Südamerika den Orinoko noch als einen Arm des Caqueta, aus dem der Rio Negro unmittelbar entspringt; aber schon in einer zweiten Ausgabe des Blattes zeichnete D'Anville den Cassiquiare als Bifurkation zwischen Orinoco und Rio Negro, wahrscheinlich auf den

---

[1]) Pet. Mittlg. Bd. 47 S. 51. [2]) Ehrenreich, Verhdlg. d. Ges. für Erdkunde zu Berlin, Bd. 17 S. 160. [3]) Pet. Mittlg. Jahrg. 1901 S. 51. [4]) Pet Mittlg. Jahrg. 1900 S. 130. [5]) Reclus, Bd. 19 S. 147. [6]) Ebenda. [7]) Ebenda. [8]) Schomburgk, Rich., 2. T. S. 475. [9]) Zeitschr. d. Ges. für Erdk. zu Berlin, Bd. 17 S. 390. [10]) Humboldt, A., Bd. 4 S. 43.

Nachrichten des Jesuitenpaters Manuel Ramon fussend, der 1744 den Oberlauf des Rio Negro kennen lernte und auf dem Cassiquiare zum Orinoco vordrang.[1]) Nun erscheinen in kurzen Zwischenräumen mehrere Beschreibungen und Karten der Flussysteme Südamerikas, besonders des Amazonas und Orinoco.[2]) Auch sie haben unsere Kenntnis von der Entwickelung und dem Laufe des Rio Negro in jeder Hinsicht gehoben, aber trotzdem gaben sie noch kein zuverlässiges Bild von diesem Flusse.

Da betrat um das Jahr 1799 Alexander v. Humboldt den südamerikanischen Boden. Mit ihm begann eine neue Epoche in der Erforschung des südamerikanischen Kontinentes: an Stelle gelegentlicher Beobachtung trat jetzt eine auf wissenschaftlichen Prinzipien ruhende Forschung,[3]) und damit werden auch die Nachrichten über den Rio Negro reichlicher und sicherer. Er selbst nahm einen Teil vom Oberlaufe des Stromes auf und gab eine meisterhafte Beschreibung von demselben. 1819 sodann erforschte der Reisende Spix den Fluss aufwärts bis Barcelles;[4]) 1838 befuhr Rob. Schomburgk den Mittellauf desselben.[5]) Wallace endlich zeichnete nach einer vierjährigen Reise (1848—52) den ganzen Lauf des Flusses, so, wie wir ihn im allgemeinen auf unseren Karten heute noch finden.[6])

Freilich, es blieb noch manches zu berichtigen und manches zu ergänzen. Namentlich in der Darstellung der Nebenflüsse des Rio Negro waren Wallace verschiedenerlei Ungenauigkeiten, ja Unrichtigkeiten unterlaufen Die neueste Zeit hat das Verdienst, völlige Klarheit geschaffen zu haben. 1881 erforschte Payer den Rio Branco, den grössten linksseitigen Nebenfluss des Rio Negro,[7]) der schon 100 Jahre vorher durch Silva da Pontes und Ameïda[8]) befahren worden war. Vor-

---

[1]) Pet. Mittlg. 1900 S. 125. [2]) Die wichtigsten: 1. Die Karte von La Cruz Olmedilla und Survilla (1775). 2. Carte génerale de la Guayana (1798) [3]) Günther, S., Entdeckungsgeschichte und Fortschritte der wissensch. Geogr. im 19. Jahrhundert, Berlin 1902 S. 112. [4]) Spix und Martius: „Reise in Brasilien 1831". [5]) Schomburgk, Robert: „Reisen in Guiana und am Orinoco 1835—39". [6]) Wallace, On the Rio Negro Journ. R. G. S. Vol. 23, 1853 p. 212. [7]) Pet. Mittlg. 1884 S. 395. [8]) Schichtel: „Der Amazonenstrom" S. 69.

zügliche Beiträge zur Geographie des Rio Negro verdanken wir auch der brasilianisch-venezuelanischen Grenzkommission.[1]) Die Arbeiten derselben erfolgten unter Leitung des Brasilianers Fr. Lopez de Arauha. Die Kommisson lehrte uns den Hauptquellfluss des Rio Negro, den Rio Guainia, sowie mehrere Zuflüsse desselben kennen.

Auch Coudreau,[2]) L. Agassiz,[3]) Barrington Brown,[4]) Georg Hübner,[5]) Ihre Kgl. Hoheit, Prinzessin Therese von Bayern[6]) und noch zahlreiche andere Reisende und Forscher trugen dazu bei, die Kenntnis über diesen Fluss zu erweitern. —

Nun eine kurze Betrachtung dieses Stromes!

In seinem Oberlaufe bis zur Aufnahme des Cassiquiare führt der Rio Negro den Namen Guainia. Sein Ursprung liegt nicht, wie man früher annahm, auf den Anden Columbiens, sondern auf den Cerros Yimli, einer Höhenstufe der Amazonasebene, die vom Äquator bis gegen den Guaviare nordwärts zieht. Dort entstehen nahe beieinander noch der Isana, der Codiari und der Yaupes.[7])

Der Guainia beschreibt einen grossen Bogen nach Norden und ist vollständig in Granit eingebettet. „Was den Guainia im Oberteil seines Laufes vorzüglich auszeichnet," sagt Humboldt, „ist der Mangel an Krümmungen: er stellt sich als ein breiter, in gerader Linie durch eine dichte Waldung gezogener Strom dar; so oft er seine Richtung ändert, bietet er dem Auge Aussichten von gleicher Länge dar. Die Ufer sind hoch, aber eben und selten felsig. Der von ungemein starken Quarzadern durchzogene Granit geht meist nur in Mitte des Flussbettes zu Tage. Die Flussgestade sind öde.[8]) Der ganze Oberlauf bewegt sich auf einer Meereshöhe von 390—570 m, und die Breite des Stromes schwankt zwischen 0,4 und 0,8 km. Bei der Schanze San Agostino ergab Humboldts Messung eine solche von 569 m.

Der Guainia hat eine Menge von Cascaden und Stromschnellen zu

---

[1]) Eine eingehende Darstellung dieser Arbeiten hat Lopez in einem Bericht von 80 grossen Quartseiten an das Ministerium niedergelegt, welcher in dem „Relatorio apresentado a assemblea general legislativa pelo ministro dos negocios estrangeiros Francisco de Carvalho Soares Brandao" (Rio de Janeiro 1884) abgedruckt ist. [2]) Coudreau, La Françe équinoctiale, Paris 1887 Bd. 2. [3]) Agassiz, A journey in Brazil, Boston 1875. [4]) Barrington Brown, Quart Jour. Geol. Soc. London 1879, Vol. 35 pl. 38. [5]) Hübner, Georg: „Nach dem Rio Branco". (Deutsche Rundschau, S. 14—21; 306—313; 20. Jahrg. 1898.) [6]) Kgl. Hoheit Prinzessin Therese von Bayern: „Meine Reise in den brasilianischen Tropen". 8°, 544 SS., mit 2 Karten, 4 Tafeln, 18 Vollbildern und 60 Textabbildungen. Berlin, D. Reimer, 1897, S. 82—104; 121—145. [7]) Sievers: „Amerika", S. 82. [8]) Humboldt, Bd. 3 S. 264.

überwinden, hervorgerufen durch gewaltige Granitblöcke. Sein Wasser ist tintenschwarz, klar und durchsichtig und zeigt eine mittlere Temperatur von 28—29°.

Oberhalb San Carlos mündet der Cassiquiare in den Guainia. Von hier bis zur Mündung des Rio Branco erstreckt sich der Mittellauf des Rio Negro.

Bei San Carlos hat der Guainia bereits eine Breite von 1100 m.[1]) Er erweitert sich immer mehr und verfolgt bis zur Mündung des Yaubes eine südliche Richtung. Seine Ufer sind hier wenig bewohnt und grösstenteils von Wäldern begleitet. Bei San Joao Baptista de Mabi erweitert er sich bis zu 1600 m[2]) und wird von da an durch Inseln und zahlreiche Felsrippen in eine Menge Kanäle geteilt. Namentlich von der Mündung des Yaubes an, wo er durch die fast 1000 m hohen Bergrücken der S<u>o</u> do Cabary, S<u>o</u> do Uanary und Sa Curicuriary gezwungen wird, bis zur Mündung des Rio Blanco nach Südosten zu fliessen, zeigt er seine grösste Zerrissenheit. Granitinseln, Catarakte und verborgene Klippen wechseln hier in unendlicher Kette einander ab.[3]) In der Nähe des Dorfes Wanawacca[4]) hat er schon eine Breite von 4 km während seine Tiefe von 3 m bis auf einige Zoll wechselt. Weiter nach Osten erweitert sich der Fluss immer mehr. Bis zur Mündung des Padaviri hat er eine durchschnittliche Breite von 10—12 km, an manchen Stellen erreicht er eine solche sogar von 20 km. Seine grösste Breitenausdehnung besitzt er unterhalb Barcellas, nämlich über 30 km.[5])

Vom Rio Branco an, dessen weisse Wasser den grössten Kontrast beim Zusammenflusse mit dem schwarzen Rio Negro bilden,[6]) beginnt der Unterlauf des Rio Negro. Die Ufer werden nun flach und sandig und der Strom verlässt das Granitgebiet. Zur Hochwasserzeit, vom April bis zum August, werden die Inseln, die jetzt nicht mehr, im Gegensatze zu den Restinseln des Granitgebietes, aus Felsen bestehen, sondern sämtlich zu den Anschwemmungsinseln gehören, unter Wasser gesetzt.[7]) Der Fluss bildet, sagt Reclus, wie die canadischen Flüsse, mehr die Fortsetzung eines Sees, als die eines Flusses. Er hat oft eine Breite von 25 km und seine Strömung ist ausserordentlich schwach. Mit Recht bezeichnen ihn die Indianer, wie uns Reclus ebenfalls berichtet, im Gegensatze zu dem reissenden Amazonas als den „toten" Strom.[8])

---

[1]) Schomburgk, Rob. S. 477. [2]) Schomburgk, Rob. S. 482. [3]) Günther, Geophysik II. Bd. S. 918; Schomburgk, Rob.; S. 489, 490; 488. [4]) Schomburgk, Rob. S. 488. [5]) Ebenda S. 498. [6]) Reclus, Bd. 19 S. 126; Pet. Mittlg. 1884 S. 395; Rob. Schomburgk S. 498. [7]) Coudreau Bd. II pag. 121. [8]) Reclus, Bd. 19 S. 126

Dasselbe berichten auch Spix,[1]) Agassiz etc [2]) Die Annahme Spix',[3]) „dass der Rio Negro hier aus einem System von grossen Binnenseen entstanden sei, das erst durch die Beiflüsse die Natur eines selbständigen Stromes angenommen hat", ist wohl nicht notwendig; denn die ganze Flachheit des Gebietes lässt eine solche Ausdehnung des Flusses zu, ohne dass man hier auf die Hypothese von Spix greifen muss.

Nach Condamine beträgt die Breite des Rio Negro an der engsten Stelle bei Manaos 2350 m,[4]) und der Amazonas fliesst hier in den Rio Negro zurück. Beide Flüsse werden hier durch 9—10 m hohe Anschwemmungsprodukte auf eine weite Strecke lang an ihrer Vereinigung gehindert. Die Tiefe des Rio Negro schwankt hier zwischen 30—50 m.[5])

Nach Klöden[6]) beträgt die ganze Rio Negro-Länge 2329 km, der Quellenabstand 1810,5 km, sein Stromgebiet 721 324,3 qkm. (Als Vergleich diene die Donau, ebenfalls nach Klödens Berechnung: Länge 2745 km; Quellabstand 1632 km; Stromgebiet 816 984 qkm.) Der Rio Negro kann 750 km von der Mündung an mit grösseren Dampfern befahren werden, während Segelschiffe von 100 Tonnen den Verkehr auf ihm und seinen Nebenflüssen, Rio Branco, Yaubes, Cassiquiare u. a. nicht nur auf bras. Gebiet, sondern auch bis nach Venezuela und Columbia hinein vermitteln. Die Statistik zählt jährlich ungefähr 750 Dampfer und 1100 kleinere Fahrzeuge.[7])

Auf seinem Wege durch das Granitgebiet (Ober- und Mittellauf) hat der Rio Negro, wie die Reisenden berichten, klares, schwarzes Wasser, auf seinem Unterlaufe dagegen, im sandigen Gebiet des Amazonas, sind seine Fluten durch Beimengung von Sedimenten getrübt. „Die Farbe", schreibt Wallace, „wechselt an Intensität in verschiedenen Teilen seines Laufes. Im unteren Teil ist das Wasser leicht olivfarben durch Beimengung von Sedimenten, höher hinauf, in dem felsigen Distrikt, ist die Färbung viel reiner und durchsichtiger."[8]) Ihre Kgl. Hoheit Prinzessin Therese schreibt davon: „Die Farbe des Rio Negro ist ein schönes Bernsteingelb, scheint jedoch, wo das Wasser tiefer ist, undurchsichtig schwarz und hat hiedurch dem Strom seinen Namen gegeben." (S. 82.)

---

[1]) Martius, Bd. III S. 1292, 1296. [2]) L'Agassiz. A journey etc. Boston 1875 p. 185. [3]) Martius, Bd. III. S. 1296. [4]) De la Condamine. Relation d'un voyage fait dans l'intérieur de l'Amerique Meridionale. Maestricht 1878. (pag. 114.) [5]) Kgl. Hoheit, Prinzessin Therese von Bayern. Reise etc. S. 82. [6]) Geogr. Jahrb. 20. Bd. S. 401. [7]) Reclus, Bd. 19 S. 147. [8]) Wallace, On the Rio Negro. Journ. R. G S. Vol. 23. 1853.

Das ganze Rio Negro-System ist, wie die zahlreichen Reiseberichte ergaben, reich an „schwarzen" Gewässern. Wir erwähnen hier nur die bekanntesten. Dieselben sind auf der linken Seite:

a) der Pimichin.[1]) Er entsteht auf der „Bodenschwelle", die sich zwischen dem Amazonas- und Orinocosystem von N.-O. nach S.-W. hinzieht. Von seinem Mittellaufe schreibt Humboldt: „Der Pimichin ist hier ein Bach (Caño), der so breit wie die Seine, der Galerie der Tuillerien gegenüber, ist; aber kleine, gern im Wasser wachsende Bäume, Corossols (Anona) und Achras, engen sein Bett so ein, dass nur ein 30 bis 40 m breites Fahrwasser offen bleibt. Er gehört mit dem Rio Ghagre zu den Gewässern, die in Amerika wegen ihrer Krümmungen berüchtigt sind. Man zählt deren 85, wodurch die Fahrt bedeutend verlängert wird. Sie bilden oft rechte Winkel und liegen auf einer Strecke von 9 bis 13 km hintereinander." Die Strömung des Pimichin beträgt hier 664 mm in der Sekunde. Die Ufer sind niedrig, aber felsig (Granit). Der Fluss ist das ganze Jahr schiffbar."

Da die Entfernung von Yavita am Temi bis zum Pimichin nur ungefähr 15 km beträgt, so könnte diese Stelle von grösster wirtschaftlicher Bedeutung werden, wenn man, wie bereits Humboldt den Vorschlag machte, statt des Trageplatzes einen Kanal vom Atabapo zum Pimichin errichten würde. Die Fahrzeuge gingen dann von San Carlos nicht mehr über den Cassiquiare, der eine Menge Krümmungen hat und wegen der starken Strömung gerne gemieden wird. Die Bergfahrt wäre über den Caño Pimichin um die Hälfte kürzer.

Das Wasser des Pimichin ist klar und schwarz. Auch der grösste Teil seiner Zuflüsse zeigt die gleiche Erscheinung.[2])

b) der Caño Caterico, ein Zufluss des Cassiquiari. Er hat ein schwarzes, ungemein durchsichtiges Wasser.[3])

c) der Pacimoni. Seinen Lauf hat die Venezolanisch-Brasil. Grenzkommission einigermassen festgestellt. Er entsteht aus dem Baria und dem an der Vereinigungsstelle mit dem Baria 150–300 m breiten Jatua, der aus der Serra Imery kommt, und heisst dann Pacimoni. Er mündet unter

---

[1]) Siehe Humboldt, Bd. III S. 231, 230, 243. [2]) Humboldt, Bd. III S. 231. [3]) Humboldt, Bd. IV S. 23.

letzteren Namen bei Buena Vista in den helleren Cassiquiare.[1] Nach Robert Schomburgk hat er dort eine Breite von 560 m und eine schwarze Wasserfarbe.[2])

d) Fast alle Flüsse des linken Rio Negro-Systems, vom Cassiquiari an bis zum Rio Blanco, sind ebenfalls schwarz. Sie wurden, wie der Pacimoni, von der Venezuelanischen-Brasilianischen Grenzkommission festgestellt. Dieselbe fuhr den Guainia abwärts bis zur Mündung des Rio Dimity, dann diesen aufwärts, überschritt unter grossen Beschwerden die Wasserscheide zwischen diesem und dem Ica-Fluss, und erreichte dessen Mündung in den Cauabury unter 0°13'24,9" n. Br. und 66° 18'52,5" w. G. Von hier zog die Expedition den starkströmenden, steile Ufer führenden Cauabury hinauf und erreichte am 12. März den Maturacá-Kanal, der sich hier am Fusse der wahrscheinlich aus Sandstein bestehenden pittoresken Serea Onory mit einem heftig strömenden Nebenflusse von schwarzer Farbe vereinigt. Der Kanal Maturacá fliesst zwischen Steilufern zwischen der Serra Onora auf dem rechten, der Serra Pirapucu auf dem linken Ufer. Am 27. März erreichte man den interessantesten Punkt der Reise, nämlich eine Bifurkation. Der Rio Bahiua nämlich, welcher auf der Serra Imery zu entspringen scheint, teilt sich in zwei Arme, von denen der eine durch den erwähnten Kanal Maturaca und den Rio Canabury in den Rio Negro, der andere durch den Kanal Ocuene in den Bariafluss, von hier in den Pacimoni und so in den Cassiquiare mündet, so dass also der Orinoco nicht allein durch den Cassiquiare selbst, sondern auch durch den in den Cassiquiare mündenden Pacimoni-Baria und den Cauabury mit dem Rio Negro in Verbindung steht. Auch scheint ferner noch ein in den Maturacá oberhalb des 6 m hohen Katarakts von Hua einmündender Arm aus dem Erubichy zu kommen, der seinerseits wieder in den Baria mündet, so dass eine zweite Bifur-

[1]) Zeitschrift der Ges. f. Erdk. z. Berl. 1887. S. 2. (Siehe auch Karte.) [2]) Schomburgk Rob. S. 474. — Humboldt, S. 12. IV. Bd.

kation vorliegt. Endlich sendet der Bahiua schon vor der Abzweigung des Maturacá den Mariciuêni noch den Baria zu.

Die auf diese Weise zwischen dem Rio Negro, dem Cassiquiare, dem Pacimoni-Baria und dem Maturacá-Cauabury befindliche grosse Insel haben die Brasilianer Ilha-Pedro II genannt. Ihre Ausdehnung von Süd nach Nord beträgt etwa 260 km, ihre Breite im nördl. Teil 50, im südlichen bis 120 km, hat also etwa die Grösse Hollands.

Sämtliche obengenannte Flüsse, mit Ausnahme des Cassiquiare, haben klares, schwarzes Wasser und sind mit wenigen Ausnahmen langsam strömende Gewässer.[1])

e) Der Rio Preto, ein grosser linksseitiger Zufluss des Rio Negro, der aber bis jetzt noch nicht befahren wurde und von dem nur seine Mündung und sein Nebenfluss Padauiry bekannt ist.[2])

f) Der Mahu. Er ist ein Nebenfluss des Takuta und kein bedeutender Fluss. Bei seiner Mündung in den Takuta hat er 210 m, weiter oberhalb 170 m Breite. An seinem rechten Ufer liegt ein kleiner See, mit dem er in Verbindung steht: nahe den Quellen mündet in ihn der Ukiripa, welcher zwischen der Serra Urumbaru im Süden und Tipiren und Tauairen im Norden fliesst.[3]) Nach Richard Schomburgk bildet der Mahu herrliche Wasserfälle und durchfliesst malerische, aber unfruchtbare Thäler. Während der Regenzeit trägt er namentlich zu den Überschwemmungen der Savañen bei, was zur Folge hat, dass sich die Gewässer zweier Flüsse, die ganz verschiedenen Flussystemen angehören, mit einander vermischen.[4]) (Mit dem Essequibosystem.) Der Mahu hat eine ziemlich bedeutende Strömung. Die Macusis nennen ihn Ireng.[5]) Sein Wasser ist kaffeebraun.[6])

g) Der Tacutu. Seine Quellen sind noch nicht bekannt. Sie liegen nach Rob. Schomburgk wahrscheinlich in dem Vindiaugebirge, 6 Tagereisen von dem Ursatogebirge

[1]) Zeitschrift der Ges. f. Erdk. zu Brl. 1887 S. 2. [2]) Ebenda, S. 3. [3]) Ebenda, S. 4 u. 5. [4]) Schomburgk, Rich.; Reisen etc. II. Tl. S. 11. [5]) Schomburgk, Rob.; S. 361. [6]) Schomburgk, Rich., S. 11 II. Tl. — Humboldt: „Ansichten der Natur“ S. 49.

entfernt.[1]) Bis zur Aufnahme des Mahu hat er eine fast nördliche Richtung. Auf dieser Strecke hat er eine schwarze Wasserfarbe.[2]) Genaue Aufnahme des Flusses vom Fort de S. Joaquim bis zum Mahu erfolgte erst 1882 durch die Venezol.-Bras. Grenzkommission.[3])

h) Der Sawara-auuru, ein Zufluss des Takútú, hat ebenfalls schwarzes Wasser.[4]) Er wurde noch nicht befahren, sondern nur von Rich. Schomburgk an ein paar Stellen überschritten.[4])

Die bekannten Schwarzwasserflüsse des Rio Negro-Systems auf der rechten Seite des Rio Negro sind:

a) Der Isaña. Robert Schomburgk schreibt über ihn: „Er kommt aus Nordwest und West von dem Tunuhuigebirge. An seiner Mündung ist er 250 Yards breit (460 m); sein Wasser ist schwarz.“[5]) Schomburgk hat den Fluss nur an seiner Mündung gesehen. Die übrigen Angaben des Flusslaufes etc. scheinen auf Erkundigung zu beruhen. Auch die Venezol.-Bras. Grenzkommission hat nur einen kleinen Teil dieses Flusses festgestellt.[6])

b) Der Uaupes.*) Er ist der grösste Nebenfluss des Rio Negro mit schwarzem Wasser. Man hielt ihn früher für den Hauptquellfluss desselben und verlegte seine Wiege an den Ostrand der Anden.[7]) Sein Ursprung liegt aber ungefähr unter derselben Länge wie der des Guaviare und Ynirida.[8]) 1854 wurde der Uaupes vom Jesuiten Cordeira bis zu seiner Quelle verfolgt, seitdem haben nur wenig Reisende, wie Wallace, Stradelli, Coudreau,[9]) G. Coppi und A. Colini,[10]) den Fluss besucht. An seiner Mündungsstelle hat er nach Wallace eine Breite von 2 km. Von der

*) Auch Yaupes und Yaubes.

[1]) Schomburgk Rob., S. 351. [2]) Schomburgk Rich., II. Tl. S. 102. [3]) Zeitschr. der Ges. f. Erdkunde z. Brl. 1887 S. 4. [4]) Schomburgk Rich., II. Tl. S. 103. [5]) Schomburgk Rob., S. 482. [6]) Zeitschr. der Ges. f. Erdk. z. Brl. 1887. S. 2. [7]) Wallace, Travels; S. 418. [8]) Montolieu. L'Ynirida. Bull. S. G. Ser. 6. F. 19. S. 289. [9]) Reclus; Bd. 19. S. 127. — Globus 1890. S. 248. [10]) Boll. della Soc. Geogr. Ital. 1885 Nr. 3. — Pet. Mittlg. Hft. VIII. S. 310.

Mündung des Uaupes schreibt Schomburgk: „Unmittelbar unter San Joaquim teilt sich der Uaupes in zwei Arme und bildet dadurch eine kleine Insel von 5 Meilen Länge. Die Breite des Uaupes beträgt an seiner Mündung in dieser Jahreszeit 300 Yards; seine Strömung ist bedeutender als die des Rio Negro, $1^1/_2$ Meilen in der Stunde; sein Wasser ist schwarz."[1]) Von seiner Mündung 210 km weit aufwärts ist er nach Wallace durch einen ruhigen Lauf ausgezeichnet. In seinem Oberlaufe hat er dagegen, wie der Rio Negro, unzählige Cascaden und Stromschnellen über Granitfelsen zu überwinden, von denen einige Fälle 2—3 m Höhe besitzen.

c) Nach Wallace und Schichtel sind alle Nebenflüsse des Rio Negro auf seiner S.-Seite, oberhalb seiner Mündungsarme, die mit dem Amazonas communiciren, schwarz.[2])

3. Der Caqueta-Japura.

Er ist kein Schwarzwasserfluss in seinem ganzen Laufe, sondern nur ein kleiner Flussabschnitt von ihm zeigt die Farbe des Rio Negro. „Von Arara-Coara bis zu den Fällen von Cupati hat er eine schmutzig grüne Farbe," schreibt Martius; „bei S. João selbst wird diese fast in das Kaffeebraun des Rio Negro verändert, indem eine Menge brauner Bäche und Canäle sich mit ihm vermischen." Martius[3]) hat den Strom bis zu den Araraquara-(Araracoara) Fällen befahren; Creveaux[4]) verfolgte ihn von den Anden bis zur Mündung. Er ist ein echter Niederungsfluss und durchfliesst grösstenteils Sandsteingebiet. Von einer ausgedehnten Granitmasse, die er ebenfalls nach Martius durchbrechen soll, erwähnt Creveaux nichts. Seine Länge beträgt 1400 km (Rhein 1320 km). Er entsteht als Rio Capueta in der columbianischen Centralkordillere in der Höhe von 4000 m aus zwei Quellflüssen und bildet, obwohl er nur 150 m Höhenunterschied zwischen dem Fusse der Anden und der

---

[1]) Schomburgk, Rob., S. 43. [2]) Schichtel, S. 70. [3]) Spix und Martius. Bd. II. S. 1197—1290. [4]) Creveaux, voyages pag. 353—376. Fleuves de l'Amérique du Sud.

Mündung zu überwinden hat, doch vier grössere und viele kleinere Fälle, besonders bei der Überquerung der Aracuara-Höhen unter 73° und der äussersten Randstufe unter 69½ w. B. Die Breite des unteren Japura gibt Crevaux mit 1800—2000 m an; die Tiefe fand Herndon (pag 398) etwa 1 km oberhalb der Mündung zu 17 m.

Von seinen schwarzen Zuflüssen erwähnt Martius den Vanaracu. „Eine halbe Legoa oberhalb Maripi passirten wir an dem schwarzen und kühlen Vanaracu, einem Paranamirim, der nach den Indianern der Ausfluss des grossen Sees Ayamá ist und sich weit gegen Norden hinziehen soll.[1])

4. Der Tonantins. Bis jetzt ist nur seine Mündung bekannt. Er mündet beim Orte Tonantins, etwas unterhalb der Ica-Mündung in den Amazonas. Er ist von undurchdringlichen Urwäldern begleitet und erstreckt sich nördlich und nordwestlich in den Wald hinein, wo er mit einem Arm des Rio Japura zusammenhängen soll.[2]) An der Mündung ist er 100—200 Schritt breit. Sein Wasser ist schwarz.[3])

5. Der Rio Iça oder Putumayo. Er hat fast in seinem ganzen Laufe den Charakter der Niederungsflüsse und ist infolgedessen von seiner Quelle bis auf einige Tagreisen oberhalb seiner Mündung mit Detritusmassen geschwängert. Auf dieser Strecke hat er trübgelbe Farbe. Sobald der Iça aber sich seiner Detritussubstanzen entledigt hat und in die Thonebene des Marañon kommt, hat er schwärzliche Fluten.[4]) Reyes[5]) hat den Fluss zuerst von der Quelle bis zur Mündung befahren und die erste Compass-Aufnahme seines Laufes gemacht. Simson[6]) und Crevaux[7]) geben eingehende Schilderungen über die allgemeinen Verhältnisse dieses Flusses. Darnach soll er sich durch das Fehlen von Stromschnellen und Catarakten und

---

[1]) Martius, S. 1212. [2]) Ave-Lallemant: „Reise durch Nord-Brasilien;" II. Tl. S. 218—219. [3]) Bates, S. 391. [4]) Spix u. Martius; pag. 1186, pag. 1192. [5]) Verh. d. Ges. f. Erdk. Bd. 4. 1877. [6]) Proc. R. G. S. Bd. 21. 1876—77; p. 570 f. [7]) Crevaux; Les fleuves de l'Amérique du Sud. Paris 1883. Crevaux; Voyage dans l'Amérique du Sud. p. 325—349.

durch den Mangel an bedeutenden Nebenflüssen wesentlich von den anderen Nebenflüssen des Amazonas unterscheiden. Er wird bis nach Cuemby, in gerader Linie etwa 1000 km von seiner Mündung entfernt, mit Dampfern befahren. Seine Breite beträgt etwas oberhalb der Mündung 500 - 700 m.

b) Die rechtsseitigen Schwarzwasserflüsse des Amazonas.

1. Der Rio Moju. Er ist ein Strom, der nur um weniges kleiner ist als die Themse, hängt etwa 20 englische Meilen vor seiner Mündung durch einen kurzen künstlichen Kanal mit einem kleinern Strome, dem Igarapé-mirim, zusammen, der in entgegengesetzter Richtung dem Wassersysteme des Tocantins zuströmt.[1]) Seine Quellen liegen jenseits des vierten Parallelkreises in ausgedehnten Waldungen. Er mündet in den Rio Para und teilt alle Perioden und Bewegungen der Flut, der Ebbe und des Hochwassers mit dem Parastrome, und zwar treten nach Martius diese Erscheinungen hier ungefähr acht Minuten später ein als in der Stadt Para. Sein Wasser ist schwarz.[2])

2. Der Araguaya-Tocantins. Eine ebenso fleissige als treffliche Darstellung über die Entdeckungsgeschichte dieses Zwillingsstromes von der Zeit der Conquistadoren an bis zum Jahre 1817 gibt uns Martius.[3]) Da während dieser Periode jedoch eine reguläre Flussaufnahme niemals unternommen wurde, so war das Kartenbild in damaliger Zeit vom Araguaya-Tocantins ein erheblich abweichendes vom jetzigem. Auch die Castelnausche Expedition vom Jahre 1844 hat keine besonders wichtigen Erfolge für die Kenntnis dieses Stromes aufzuweisen, im Gegenteil, „sie hat“, schreibt Ehrenreich, „mehr dazu beigetragen, die graphische Darstellung, die Cunha Mattos 1836 vom Strome gab, wieder gründlich zu entstellen.“

---

[1]) Bates, S. 62. [2]) Spix u. Martius, Bd. III S. 1042; 927, 977, 979, 967, 1327. — Kletke, S. 738. [3]) Martius, Bd. III S. 1043 u. 1044.

Erst durch die Arbeit Ehrenreichs, der bei seiner Thalfahrt auf dem Araguaya Gelegenheit hatte, das ihm zur Verfügung stehende brasilianische Kartenmaterial zu prüfen, erhielt das Kartenbild des mittleren und unteren Araguaya eine wesentlich andere Gestalt. Namentlich der auffallende Bogen beim Einflusse des Crixas fällt nach Ehrenreich weg, ferner erfuhren viele andere Positionen am Hauptflusse, wie z. B. die Mündung grösserer Nebenflüsse und die Gestalt der Insel Bananal starke Veränderungen.[1])

Als wichtige Relatorios für die Geographie und Hydrographie des Araguaya empfiehlt Ehrenreich:

1. den von Moraes Jardim über seine Fahrt verfassten Bericht: „O Rio Araguaya, Relatorio de sua exploraçâo" Rio 1880;
2. die treffliche, sehr eingehende Beschreibung der Kataraktenstrecke durch den Ingenieur Antonio Florencio Perreira do Lago, der dieselbe im Jahre 1871 im Auftrage der Regierung untersuchte: „Relatorio dos estudos da commissâo exploradora dos rios Araguaya e Tocantins. Rio 1876.[2])

Beschreibung des Stromlaufs.

Die Wiege des Araguaya hat noch kein wissenschaftlich gebildeter Forscher gesehen. Von den drei Quellflüssen Cayapo Grande, Cayaposinho oder Rio Bonito und dem Rio dos Barreiros gilt der erstgenannte als der Hauptfluss. Sein südlichster bekannter Punkt ist die Übergangsstelle Ehrenreichs unter 16° s. B. und 52° 20′ westl. Länge Gr. bei Macedina. Hier ist der Fluss bereits 150 m breit.

Vom Hafenorte S. Leopoldina an, wo der Fluss schon eine Tiefe von 4—7 m und eine Breite von 525 m hat, ist der Araguaya bereits für Dampfschiffe befahrbar. Über 6 Breitengrade lang fliesst er nun durch öde Campgegenden. „Unzählige, zur Hochwasserzeit überschwemmte Inseln", schreibt Ehrenreich, „erfüllen auf dieser Strecke das Bett. Lagunen, durch schmale „Furos" mit dem Strom kommunizierend, finden sich an beiden Ufern in Menge. Ihre ausnahmslos halbmondförmige Krümmung charakterisiert sie als Reste zugeschwemmter Flussbiegungen. Bis zur Tapirapémündung treten im Flusse selbst nur kurz unterhalb des Rio Vermelho und am Ufer bei S. José Felsmassen

---

[1]) Zeitschrft. der Ges. f. Erdk. z. B. 1892 S. 121—123. — Ebenda 1891 S. 167. [2]) Zeitschrft. d. Ges. f. Erdk. z. B. 1892 S. 123 u. 124.

zu Tage. Die ersteren bilden zerstreute abgerundete Blöcke aus hartem kieseligem Gestein, behindern jedoch selbst bei niedrigstem Wasserstande nicht die Schiffahrt. Die Breite des Stromes schwankt zwischen 500 und 1000 m." [1])

Etwas unterhalb der Crixas-Mündung teilt sich der Strom in einen östlichen und westlichen Arm, die sich unter ungefähr 10° s. B. wieder vereinigen. Die so gebildete Insel führt den Namen „Insel Bananal" oder „Santa Anna" und hat nach Cunha Mattos eine Länge von 60 Legoas (300 km) und eine Breite von 20 Legoas (100 km).[2]) Auf dem rechten Arme passierte im Jahre 1844 (Juni—Juli) die Castelnausche Expedition. Damals hatte der linke Arm 360 m, der rechte 276 m.[3]) Der stets schiffbare linke Arm ist jetzt die eigentliche Schiffahrts-Strasse. In ihn münden die drei grossen Nebenflüsse: Cristallino, Rio das Mortes und Tapirapes.

Etwas südlich vom 10° s. B. an vereinigen sich wieder die beiden Arme des Araguaya. Der Zusammenfluss derselben soll infolge der mächtigen Urwälder, die sich in den Fluten des Wassers spiegeln, einen imposanten Anblick gewähren. Der rechte Arm des Stromes ist hier 230 m, der vereinigte Strom 678 m breit, die Schnelligkeit des letzteren beträgt 33⅓ m in der Minute.[4])

Bei Santa Maria beginnen bereits die bekannten Stromschnellen des Flusses, die nur mit grosser Gefahr passiert werden können. Es lassen sich hier namentlich zwei Gruppen grösserer Abstürze des Flusses unterscheiden, die Ehrenreich eingehend schildert.[5])

Bei San João das duas Barras unter 5° 20' s. B. mündet der Tocantins in drei Armen in den Araguaya. Ersterer Strom hat sein Quellgebiet im Urgesteinszug der Provinz Goyaz und übertrifft die Länge des Rheines um das Doppelte. Etwa unter 12° 10' s. B. taucht das Urgestein aus dem Sandstein auf, und der Fluss wird völlig unfahrbar. An dieser Stelle verliess ihn die Castelnausche Expedition, nachdem sie ihn von seiner Mündung an befahren hatte.[6])

Nach der Vereinigung mit dem Araguaya behält der Tocantins seinen Namen bei, obwohl der erstere Strom viel länger und wasserreicher ist als der letztere. Der Grund zu dieser Thatsache liegt darin, dass nämlich der Tocantins viel früher bekannt und besiedelt wurde als sein grösserer Zwillingsbruder. Die Breite nach der unmittelbaren Vereinigung dieser Ströme beträgt, von Castelnau trigonometrisch gemessen, 1780 m.[7])

---

[1]) Zeitschr. d. Ges. f. Erdk. z. B. 1892 S. 125. [2]) Ebenda S. 126. [3]) Pet. Mittlg. 1857 S. 164. [4]) Pet. Mittlg. 1857 S. 164. [5]) Zeitschrft. d. Ges. f. Erdk. z. B. 1892 S. 129—135. [6]) Pet. Mittlg. 1857 S. 164. [7]) Pet. Mittlg. 1857 S. 164.

Der Tocantins behält zunächst die W.-Richtung des untersten Araguaya bei, wendet sich dann nach Norden und tritt unter $3^1/_2{}^0$ s. B., nachdem er sich über gewaltige Catarakte gestürzt, in die Amazonasniederung ein. Bates hat den Fluss von seiner Mündung in den Amazonas bis zu den Stromschnellen von Guaribas unter 4^0 10' s. B. befahren und gibt uns eine herrliche Schilderung von dieser Flussstrecke.[1]) Darnach gleicht dieser Strom hier mehr einem See als einem Flusse. An der Mündung beträgt seine Breite nämlich 10 Engl. Meilen, (= 16 km), Cameta gegenüber noch 5 Engl. Meilen (= 8 km).[2])

Prinz Adalbert von Preussen[3]) und Bates bezeichnen den Fluss als auffallend klar und dunkel.[4])

3. Der Xingu. Obwohl der Xingu unter den Amazonastributären, die ihre Wiege auf dem brasilianischen Berglande haben, sich erst am spätesten der Aufmerksamkeit gebildeter Forscher zu erfreuen hatte, besitzen wir heutzutage dennoch den besten homogenen Bericht über ihn. Man darf fast sagen, dass dieser Fluss bis zur ersten grossen Expedition Karls von den Steinen und seiner weitbekannten Mannen dem grössten Teil seines Laufes nach so gut wie unbekannt war. Zwar war schon gegen Ende des achtzehnten Jahrhunderts ein deutscher Jesuitenpater Namens Hundertpfund bis in das Gebiet der Yuruna-Indianer vorgedrungen, allein einen wissenschaftlichen Bericht über seine Reise hat er uns nicht hinterlassen.[5]) Auch im Jahre 1842 wurde vom verstorbenen Prinzen Adalbert von Preussen eine Fahrt Xinguaufwärts unternommen,[6]) allein diese Expedition fand schon unter dem 4^0 s. B. ihr Ende; und so dürfen wir mit gutem Recht sagen, dass man erst im Jahre 1884 mit Erfolg daran ging, den Schleier über ein nicht unbeträchtliches Gebiet unbekannter Erde zu lüften. Wie schon erwähnt, war es die erste Xinguexpedition, die mit der Erforschung dieses Stromes mit grossartigen Erfolgen begann.

---

[1]) Bates, Kapitel IV S. 60—99. [2]) Bates, S. 63. [3]) Kletke, S. 733, 734. [4]) Bates, S. 62, 63, 73, 75. [5]) Clauss, „Die Xingu-Expedition vom Jahre 1884. Berlin 1885 S. 4. [6]) Kletke, H., „Reise des Prinzen Adalbert von Preussen". Berlin 1857.

Karl von den Steinen,[1]) Otto Clauss[2]) und der Vetter des ersteren, der Maler Wilhelm von den Steinen, waren es, die zum erstenmal im Jahre 1884 den Xingu von seinem Quellflusse, dem Batovy, bis zur Mündung in den Amazonas befuhren. Nachdem aber eine nähere Untersuchung der Quellflüsse des Xingu dennoch notwendig war, unternahmen 1887 Paul Ehrenreich aus Berlin, Wilhelm von den Steinen aus Düsseldorf, Karl von den Steinen aus Berlin und Peter Vogel aus München eine zweite Xingu-Expedition.[3]) Hier wurde nun der Lauf des Batovy und der des Kulisëhú festgestellt, allein die beiden Hauptquellflüsse Ronuro und der Kuluene warteten noch immer auf ihre Befahrung. Während bis heute nun durch die dritte und vierte Xingu-Expedition unter Hermann Mayer 1896/97 und 1898/99 (die dritte unter Begleitung des Anthropologen Karl Ranke aus München) auch der Ronuro erforscht wurde,[4]) ist die Kuluene-Quelle noch immer unserer Kenntnis entzogen. Zur selben Zeit, als Hermann Mayer auf seiner ersten Reise im Quellgebiete des Xingu thätig war (1896/97), wurde auch der Unter- und Mittellauf des Flusses befahren und zwar von dem bekannten Franzosen Coudreau.[5]) Die letzte Forschungstour in das Xingugebiet ging endlich im Oktober 1900 unter Max Schmidt ab, wovon jedoch Reiseberichte zur Zeit noch fehlen.[6])

Beschreibung des Xingu. „Das Flussgebiet des oberen Xingu gleicht einer Hand", schreibt Hermann Mayer.[7]) „Die einzelnen Quellflüsse entspringen in einer verhältnismässig schmalen Zone des

---

[1]) Karl von den Steinen, „Durch Central-Brasilien", Leipzig, Brockhaus 1886. [2]) „Bericht über die Schingú-Expedition im Jahre 1884" von Otto Clauss, Pet. Mittlg. 1886, Heft V u. VI. (mit 2 Karten) — ferner: Clauss, „Die Schingu-Expedition von 1884", Berlin 1885. [3]) Zeitschrift der Ges. f. Erdk. z. Berlin N. 4 u. 5. 1893. (Hierzu Tafel 3 u. 4.) [4]) a) Hermann Mayer, „Bericht über die I. Xingu-Expedition". (Verh. d. Ges. f. Erdk. 1897 S. 172—199.) b) Hermann Mayer, „Bericht über die II. Xingu-Expedition". (Verh. d. Ges. f. Erdk. z. B. 1900 S. 112—129) [5]) Globus 1898 S. 121. [6]) Globus 1901 S. 195. [7]) Verh. d. Ges. f. Erdk. z. Brl. 1900 S. 112.

nördlichen Abfalls des grossen Hochplateaus, welches die Wasserscheide des gewaltigen Stromgebietes des Amazonas und La Platas bildet." Die in fünf grösseren Becken entstehenden Quellflüsse sammeln sich in zwei Hauptflüssen, dem Ronuro und dem Kuluëne. Der westliche Quellfluss, der Ronuro, ist sowohl der bedeutendste als auch bekannteste. Die Frage nach seiner Herkunft war eine äusserst wichtige für die Geographie des Xingu und bildete die Generalidee Hermann Mayers bei seiner zweiten Expedition. Bei seiner ersten Reise hatte dieser Forscher bereits den Jatoba, einen ziemlich bedeutenden Zufluss des Ronuro und den letzteren selbst von der Mündung des Jatoba an abwärts befahren. Erst auf seiner zweiten Reise gelang es Mayer, den Schleier von dem Ronuro-Gebiet endgültig zu lüften. Er befuhr den Fluss von der Quelle bis zur Mündung und stellte fest, dass der Ronuro aus zwei kleinen Quellbächen entsteht, dem Rio Bombas und dem Rio Formosa. Der Ronuro hat in seinem Ober- und Mittellaufe unzählige Fälle und Schnellen zu überwinden, so dass er dort fast unbefahrbar ist.[1]) Von der Aufnahme des Jatoba an hat er bereits eine Breite von 200 m,[2]) und vor der Mündung des Batovy traf ihn Mayer mit einer solchen von 300 m an.[3]) Von links erhält der Ronuro den „Steinen-Fluss", von dem aber nicht mehr als seine Mündung bekannt ist. Von rechts erhält er den Batovy, den die erste deutsche Xingu-Expedition schon befahren hatte. Diese schiffte sich nämlich beim Austritt des Batovy aus seinem Quellbecken, also beim Beginne seines Erosionsthales unter 13° 57,2' S. B., auf ihm ein und begann ihre Thalfahrt. Innerhalb des Erosionsthales und ausserhalb desselben, bis zu 13° 4' S. Br., auf einer Strecke von ungefähr 120 km, durchsetzen zahllose Steinschwellen, die mehrfach die Breite von 500 m erreichen, das Flussbett und bilden Wasserfälle, Katarakte und Stromschnellen. Durch das Flachland nimmt der Batovy entsprechend seiner geringen Grösse in zahllosen engen Windungen seinen Lauf, so dass die Flusslänge das doppelte der Entfernung von der Quelle bis zur Mündung beträgt. Er mündet unter 12° S. B. in den 300 m breiten Ronuro.[4])

Während der zweite Hauptquellfluss des Xingu, der Kuluëne, nur in seinem Unterlaufe befahren wurde, ist sein grösster Beifluss, der Kuliséhu, wieder eingehender erforscht. Dieser wurde von der 2. Xingu-Expedition befahren und ist nur in seinem Oberlaufe der vielen Stromschnellen wegen sehr schwer zu passieren; vom dritten Bakairi-Dorf an dagegen hat er einen ziemlich ruhigen, ungefährlichen Lauf.[5])

---

[1]) Verh. d. Ges. f. Erdk. zu Berlin 1900 S. 112. [2]) Ebenda, Jahrgang 1897 S. 186. [3]) Ebenda, Jahrg. 1897 S. 187. [4]) Pet. Mittlg. 1886 S. 132. [5]) Vogel, „Reisen in Mato Grosso"; Zeitschr. der Ges. für Erdk. zu Berlin 1893 Nr. 4 S. 258 mit 263.

Unter dem 11° 50′ S. B. vereinigen sich Ronuro und Kuluëne und bilden den eigentlichen Xingu der Karten. Dieser hat dort schon die ansehnliche Breite von 500 m; seine Ufer sind eben und mit einer dichten Wand üppiger tropischer Vegetation gesäumt. An dem steilabfallenden Sandufer findet man Spuren, dass zur Hochwasserzeit die Wasserfläche bis zu 5 m höher liegt. Ausgedehnte Sandbänke erschweren degegen zur Trockenzeit selbst für seicht gehende Boote die Fahrt.[1])

Ehe unter dem 10° S. B. die Ufer des Xingu Gebirgscharakter annehmen, empfängt er von beiden Seiten noch je zwei stattliche Nebenflüsse, die ihn zu einem Strom von 1 km Breite vergrössern. Innerhalb der Berge, die dem Xingu bis nach seiner Mündung folgen, konnte Clauss keine bedeutenderen Zuflüsse konstatieren, und wenn trotzdem der Xingu allmählich unter dem 3° S. B. zu einem 5 km breiten Strom herangewachsen ist, so hat er dies allein der reichen Wasserabfuhr der Berge zu verdanken, welche in zahllosen Rinnsalen stattfindet.[2])

Innerhalb des Gebirges wird der Xingu zu grossen Biegungen gezwungen; er hat meist ein nahezu stagnierendes Wasser, und das Gefälle von 160 m, das die erste Xingu-Expedition für die Strecke zwischen 10. und 3. Grad feststellte, wird lediglich ausgeglichen durch zahllose (gegen 200) mächtige Stromschnellen, welche nur unter der kundigen Führung von Indianern mit einiger Sicherheit zu passieren sind.

Die grössten Katarakte des Xingu finden sich jedoch in jener charakteristischen Biegung unter dem 3° S. B. zusammengedrängt, und durch sie wird das Xingubett um 90 m tiefer, also direkt nach der Basis des Amazonas verlegt.

Als 9 km breiter Strom ergiesst sich der Xingu unter 1½° S. B. in den Amazonas. Die Wirkung von Ebbe und Flut wird auf seinem ganzen unteren Laufe verspürt. Über seine Länge sagt Clauss: „Um sich an der Hand geläufiger Distanzen eine Vorstellung von der ungeheuren Länge des Xingu zu bilden, denken wir uns seine Mündung nach Hamburg verlegt; dann würden wir seine Quellen an der afrikanischen Nordküste bei Tunis zu suchen haben."[4])

Über seine Farbe im Unterlaufe lese ich in dem Werke: „Reise des Prinzen Adalbert von Preussen" S. 451: „Der Xingu ist noch dunkler als der Tapajoz"; Seite 543: „schwärzliches Bouteillengrün"; Seite 639: „schwarzgrün"; Seite 702: „dunkel und klar"; Seite 539: „schon eine ganze Weile vorher hatte der Xingu sich durch sein klares, bouteillengrünes Wasser angekündigt, dem allmählich die trübe, gelbe Flut des Amazonas das Feld hatte räumen müssen."

---

[1]) Pet. Mittlg. 1886 S. 132. [2]) Pet. Mittlg. 1886 S. 133. [3]) Ihre Königl. Hoheit Prinzessin Therese von Bayern, „Reise etc." S. 160 [4]) Clauss, „Die Schingu-Expedition" S. 6.

Herr Clauss hatte die liebenswürdige Güte, mir brieflich mitzuteilen, dass das Wasser des Xingu „entschieden dunkel" sei. Ferner hatte Herr Karl von den Steinen aus Berlin mir ebenfalls die grosse Ehre geschenkt, auf meine Anfrage über die Wasserfarbe des Xingu folgendermassen zu antworten: „In meinem Buche ‚Durch Central-Brasilien', Leipzig 1886, finden Sie Seite 198 für den Schingu schon kurz nach der Vereinigung der Hauptquellen: Die Farbe des Wassers ist in der Mitte des Flusses dunkelgrün, was die Leute ‚schwarz' nennen; S. 218: ‚flaschengrün', gegenüber dem schmutzigbraunen (oder ‚agoa preta' der Leute) Wasser eines rechten Nebenflusses. Ich habe das Wasser stets als flaschengrün, mehr oder weniger hell, aufgefasst und so in der Erinnerung."

4. Der Tapajoz. Solange die Wasserstrasse der Paraguay-Flüsse, die jetzt bequem zur Hochebene von Mato Grosso führt, noch nicht benützt wurde, fuhren die brasilianischen Händler meistens den Tapajoz hinauf, um ihre Waren nach Diamantino und Cuyaba zu bringen. Ihre Mitteilungen über diesen Fluss waren indes äusserst dürftig und von sehr wenig wissenschaftlichem Werte. Die Erforschung des Tapajoz begann erst mit Chandless,[1]) dem wir auch die erste kartographische Aufnahme des Stromes verdanken. Die Reise, welche Orton[2]) im Jahre 1870 durch das Tapajoz-Gebiet antrat, ist von geringer Bedeutung, während uns Brown und Lidstone[3]) 1873 über den Unterlauf des Flusses sehr schätzenswerte Mitteilungen machten. Clauss[4]) kam 1883 auf der Xingu-Expedition in das Quellgebiet des Arinos und Paranatinga, und die Forscher Ehrenreich, Wilhelm und Karl von den Steinen, sowie Vogel aus München überschritten 1887 den San Manuel, wie der zweite Hauptquellfluss des Paranatinga genannt wird. 1889/90 wurde der Paranatinga von Telles Pires, de Velleroy, Miranda und Carlos da Silva Telles von der Quelle bis zur Mündung befahren[5]) und 1895 besuchte in einem Canoe

---

[1]) Chandless: Notes on the rivers Arinos, Juruena und Tapajoz. Journ. R. G. S. 1862 Bd. 31, p. 268—280. [2]) Orton, American Journ. Ser. II Bd. 47 p. 339. [3]) Brown and Lidstone, fifteen thousand miles on the Amazon and its tributaries; London 1878. [4]) Pet. Mittlg. 1886, Heft 5 und 6 mit 2 Karten. [5]) „Ausland" No. 48 Jahrg. 1890.

H. Coudreau den Tapajoz von Itaituba bis zum Salto Augusto.[1]) Wertvolle Beiträge zur Kenntnis dieses Stromes verdanken wir auch Bates,[2]) Katzer,[3]) Spix und Martius[4]) und Castelnau.[5])

Betrachten wir nun den Tapajoz näher!

Er entsteht aus den beiden Quellflüssen Arinos und Juruena, deren Zusammenfluss etwa unter 10° 20′ S. B. erfolgt. Die Wiege des Arinos liegt fast genau unter 14° 29′ südl. Br. und 56 w. L. auf der Serra Tombador. Eine friedliche Laufrichtung scheint diesem Flusse zu fehlen, denn unter 11° 38′ S. B. ist sein Bett schon von zahlreichen Schwellen und granitischen Felsinseln unterbrochen. Der Rio Preto und der Rio Estivida führen ihm wahrscheinlich ihre Wasser zu. Bei Hochwasser stehen vermutlich zahlreiche Tributäre des Arinos mit dem Cuyaba in Verbindung, so dass zu dieser Zeit eine Wasservermischung mit dem Paraguay-System nicht ausgeschlossen ist.[6]) Der Rio Sumiduru, der Rio Parecis und der Rio Peixe sind grössere Zuflüsse des Arinos.

Der zweite Quellfluss des Tapajoz, der Juruena, entsteht auf der Serra dos Parecis.[7]) Er wurde noch nicht befahren und seine Kenntnis beruht lediglich auf brasilischen Quellen. Seine bedeutendsten Tributäre sollen der Rio Jubina und der Rio Camararé sein. Beim Zusammenflusse des Arinos und Juruena hat der erstere 275 m, der letztere 460 m Breite. Der vereinigte Strom führt dann den Namen Tapajoz und ist ausgezeichnet durch seinen ruhigen Lauf, der nur zweimal auf der ganzen Strecke bis zum Amazonas von grösseren Catarakten unterbrochen wird, nämlich zwischen dem 8° und 9° und unter dem 4° 30′ s. Br. Die kleinen Störungen, die Chandless angibt, sind der Schifffahrt nicht hinderlich. Unter den oberen Fällen hat der bedeutendste, der Salto Augusto, eine Niveauversetzung von 9 m, Coudreau gibt in seiner Höhentafel den Fall oben 475, unten 458 m hoch über dem Meere an. Die obere Kataraktengruppe hat ungefähr 18 Schnellen, von denen mehrere durch Umladen umgangen werden müssen; namentlich

---

[1]) Voy. au Tapajoz 1895/96 mit Karte 1:600000; Paris 1897. [2]) Bates: Kapitel 9 „Reise den Tapajoz hinauf", S. 228—273. [3]) a. Katzer: F., A. „foz do Tapajos e suas relacões com a aqua subterranea na regiao de Santarem." — Bolletin do Museu Paraense de Hist. Natural e Ethnogr.; Para 1897 2 No. 1 S. 78. b. Katzer: „Zur Geographie des Tapajoz", Globus, 1900, S. 281 mit 285 (1 Karte). [4]) Spix und Martius, 3. Bd. S. 1050—1052. [5]) Castelnau: „Exped. dans les parties centrales de l'Amerique du Sud." [6]) Vgl. Vogel: „Reisen in Mato Grosso 1887—88" (Zeitschr. der Ges. für Erdk. zu Berlin 1893 No. 4). [7]) Globus, 1900 S. 281.

kann der Salto Augusto während des ganzen Jahres nicht überschritten werden, weshalb der Tapajoz nicht jene Bedeutung für die Schiffahrt erlangte, die man von ihm zu hoffen wagte.

Zwischen dem 8° und 6° S. B. empfängt der Tapajoz von rechts zwei grosse Zuflüsse, den San Manoel, an der Mündung 460—550 m breit und den Rio Tropas, an der Mündung 320 m breit. Während letzterer Fluss nur einige Meilen von der Mündung aufwärts bekannt ist, wurde der San Manoel durch die von der Geogr. Gesellschaft zu Rio de Janeiro ausgesandten Expedition 1889/90 vollständig auf seinem ganzen Laufe befahren.[1] Dadurch war die Frage gelöst, dass der Paranatinga, der früher als Nebenfluss des Xingu betrachtet wurde, gleichbedeutend ist mit dem Mittellaufe des Rio San Manuel, dessen Oberlauf die 1. und 2. Xinguexpedition schon einigermassen festgestellt hatte. Seinen Ursprung hat dieser Fluss nach Vogel[2]) unter 14° 38,6 S. B.; seine Breite beträgt am Hafen der Bakairi schon 130 m. Für die Schiffahrt ist der Fluss ohne Wert, denn er besitzt 4 grosse Fälle, einige 30 Katarakte und unzählige Stromschnellen. Die gänze Länge des Stromes beträgt 290 Leguas.[3]) [4]).

Unter 4° 30' südlicher Breite befinden sich die unteren Katarakte des Tapajoz. Der Cach. Diagorao und der Cach. Maranhão sind hier die bekanntesten Fälle. Der Fluss verlässt dort auch die brasilianische Masse, wird seeartig und zu einem echten Niederungsfluss. In diesem Teile, sagt Reclus,[5]) ist der Tapajoz noch mehr tot als der Rio Negro und fast ebenso schwarz als er, daher die Volksbezeichnung Rio Preto, d. h. schwarzer Fluss.

Bei Santarem mündet der Tapajoz in den Amazonas. Wo sich beide Flüsse vereinigen, verringert der Tapajoz sein Volumen zwischen der Insel Las Oncas und Santarem plötzlich von 17306 auf 9476 cbm Wasser in der Sekunde. Katzer sucht dies dadurch zu erklären, dass er eine unterirdische Abzweigung des Tapajozwassers und die Speisung der Brunnen von Santarem durch dieses annimmt.[6])

In seinem Oberlaufe ist der Fluss in Sandstein eingegraben, von 10° S. B. an durchfliesst er nach Chandless Granitgebiet. Mächtige Urwälder begleiten den fast unbewohnten Strom. Die ganze Länge des

---

[1]) „Die Natur", Zeitschrift zur etc. 1891 Bd. 40 S. 46. [2]) Zeitschr. der Ges. f. Erdk. zu Berlin 1893 No. 4 Tafel 3. [3]) „Die Natur", Bd. 40 S. 46 Jahrg. 1891. [4]) Nach Clauss war bereits 1819 ein brasilianischer Leutnant, namens Peixote, den „Paranatinga" hinabgefahren und in den Tapajoz gekommen. („Die Schingu-Expedition von 1884", Berlin 1885 S. 4.) [5]) Reclus, Bd. 19 S. 134. [6]) Katzer, A: foz do Tapajos e suas relacães etc. (Bol. do Mus. Parense de Hist. Natural e Ethnogr. Para, 1897 2 No. 1 S. 78.)

Flusslaufes beträgt 1930 km;[1]) das Stromgebiet umfasst 430500 qkm. Jährlich wird der Tapajoz von ungefähr 700 Dampfern und 1100 kleineren Fahrzeugen befahren.[2])

Über die Wasserfarbe des Tapajoz schreibt Chandless:[3]) „Oberhalb der Mündung des San Manoel verwandelt sich das Flusswasser von dem hellen Grün des Arinos und Juruena in eine dunkle schwärzliche Färbung; aus diesem Grund ist der Fluss von San Manoel abwärts unter dem Namen River Preto bekannt. Sogar in Santarem spricht man unter keinem andern Namen von ihm."

Avé-Lallemant sagt darüber:[4]) „In schräger Richtung setzten wir über den grauen Strom (Amazonas), der plötzlich scharf abgeschnitten schwarz erschien. Beide Wasserschichten liefen ganz unvermischt nebeneinander hin, jede ihre Uferseite behauptend, ein höchst auffallendes Phänomen.

Das ist das sogen. „schwarze Wasser" des mächtigen Tapajoz, an dessen rechtem Ufer Santarem liegt. Silberklar und vollkommen rein ist das Wasser des Tapajoz, zumal neben dem trüben, grauen Wasser des Amazonenstromes . . "

Katzer endlich sagt davon:[5]) „Das Wasser des Tapajoz erscheint im reflektierten Licht, wenn sich der reine Himmel darin spiegelt, blauschwarz, bei direkter Sonnenbestrahlung schwärzlichgrün (wie Alizarintinte) bis hell olivengrün, je nach der Tiefe. Es ist dabei äusserst klar, so dass man selbst durch eine 3 bis 4 m mächtige Schicht bis auf den Grund sieht. Es gilt als sog. „schwarzes" Wasser und der Fluss wird daher von den Cearenser Kolonisten bei Santarem auch kurz Rio preto (schwarzer Fluss) genannt. Die Analise einer bei Itaituba geschöpften Probe ergab einen aussergewöhnlich geringen Gehalt an gelösten Bestandteilen, in welchem Sinne der Tapajoz zu den reinsten Flüssen der Welt gehört."

---

[1]) Reclus, Bd. 19 S. 147. [2]) Ebenda, Bd. 19 S. 147. [3]) Journal of the Royal Geographical Society, London 1862. Chandless: „Notes on the river Arinos, Juruena und Tapajoz." [4]) Avé-Lallemant, Reise durch Nordbrasilien, 2. Tl. S. 89 und 90. [5]) Katzer: „Zur Geographie des Rio Tapajoz"; Globus 1900 S. 284.

Auch Ehrenreich,[1]) Bates,[2]) Reclus,[3]) Prinzessin Therese von Bayern[4]) bezeichnen das Wasser dieses Stromes ebenfalls als „tintenschwarz“.

5. Der Mauè-âssu, Abacaxis und Canuma.[5])

Diese drei Ströme, die uns Chandless kennen lehrte, münden in den Paranâ-mirim de Canuma, einen etwa 245 Meilen langen Seitenkanal des Madeira, der als Paranâ-mirim de Romos bei der Stadt Villa Bella in den Amazonas mündet.[6]) Während aber der Paranâ-mirim im allgemeinen ein Weisswasserstrom ist, haben seine genannten Zuflüsse klares, schwarzes Wasser. Auch dadurch sind letztere sich ähnlich, dass sie in ihrem Laufe drei verschiedene Phasen zeigen, die auf ihre Bildungsgeschichte schliessen lassen: In einer kurzen Entfernung von ihren schmalen Mündungen nämlich, welche durch das angeschwemmte Land des Madeiradetritus verengt worden sind, zeigen sich lange, weite offene Flussreviere mit Altwasser, oft mit einem klaren Wasserhorizont und mit nur ein paar kleinen Inseln, welche die Aussicht nicht stören. — Bei der 2. Phase ist dies anders. Die Breite von Ufer zu Ufer ist etwas geringer als bei der ersten; zwischen beiden Ufern liegt ein Labyrinth von Inseln; die Kanäle zwischen diesen enden vielfach blind. Bei Niedrigwasser lässt eine schwache Strömung den Flusskanal von den blind ausgehenden unterscheiden, bei Hochwasser fehlt auch sie; dann ist ein Zurechtfinden in dem Labyrinth unmöglich. — Die 3. Phase endlich zeigt den Fluss als einen wohldefinierten Kanal, der nur hie und da einige Inseln aufweist und eine gute Strömung zeigt. Breite und Wassermasse stehen hier in richtigem Verhältnis zu einander.[7]) Auch ein Nebenfluss des Maué-âssu zeigt die gleiche Erscheinung, nur in noch drastischer Weise, nämlich der Guaranatuba. Er setzt sich

---

[1]) Verhandlg. der Ges. für Erdk. zu Berlin 1900 S. 160. [2]) Bates, S. 126, 205, 209, 198, 270. [3]) Reclus, S. 134 Bd. 19. [4]) Prinzessin Therese von Bayern, „Meine Reise etc.“ S. 157. [5]) Chandless: Journ. R. G. S. Vol. 40 1870 S. 419—427 mit einer Karte. [6]) Ebenda S. 419. [7]) a. a. O. pag. 420.

nach oben fort in den Carauahy, der so klein ist, dass es unmöglich war, seine Mündung ohne Führer zu finden, während der Guranatuba eine Breite von $1^1/_2$ km und mehr hat.

Allem Anscheine nach sind die unteren Teile dieser Flüsse nach Chandless Ästuarien gewesen, die jetzt von oben, von den sedimentarmen Flüssen nur sehr langsam zugeschüttet werden.[1])

Besprechen wir nun jeden Fluss einzeln!

a) Der Maué-assu,[2]) welcher oberhalb der Mündung des Amaua Parauary genannt wird, hat eine ziemliche Anzahl von Stromschnellen, von welchen die niederste fast genau auf den Parallelkreis 5° S. trifft. Die ersten zehn Stromschnellen kann man stromaufwärts in 2 Tagen in einem kleinen Boote passieren, weiter oben liegen dieselben weiter auseinander. Von sämtlichen derselben ist nur der „Salto Grande", der eigentlich kein Wasserfall, sondern nur eine sehr reissende Strömung in eingeengtem Bette ist, zu Wasser unpassierbar. Die geologischen Verhältnisse an diesem Flusse sind sehr einfach: Die Sandsteinformation ist hier wie auf dem brasilianischen Plateau ausgebildet. Der Fluss Amaua ist ein Tributär des Maué-assu und bildet einen schönen, ungefähr 30 Fuss hohen Fall. Auch er hat sich tief in Sandstein eingegraben und zeichnet sich aus durch seinen „toten" Lauf. Die ganze Gegend ist wenig bewohnt.

b) Der nächste Schwarzwasserstrom ist der Abacaxis.[3]) Am auffallendsten fand Chandless in seinem Unterlaufe die manchmal in kurzen Zwischenräumen auftretende Abwechselung von einfachen weissen Sandklippen mit den gewöhnlichen roten Lehmbänken. Auf den ersteren war der Baumwuchs aber dünn und niedrig, auf den letzteren zeigte er üppige tropische Vegetation. Am mittleren Laufe des Abacaxis ist die Sandsteinplatte, ähnlich wie auf „Mato Grosso", mit einer 4 Fuss hohen Schichte von Kieselsteinen und Sand bedeckt. Interessant ist die Schilderung, die Chandless von der Farbe dieses Stromes gibt. „Das

---

[1]) a. a. O. pag. 420 und 421. [2]) a. a. O. pag. 421. [3]) pag. 422. — Siehe auch Martius S. 1061.

Wasser des Abacaxis", sagt er, „ist, wie das der anderen zwei Flüsse, in dem breiten, tieferen Teil klar und dunkel, aber nicht kaffeebraun wie das des Rio Negro. Weiter aufwärts jedoch, nämlich oberhalb des Lago Grande, fand ich es beständig weniger dunkel und mit mehr Satz, bis es ziemlich genau dem Wasser des Madeira oder anderer Weisswasserflüsse zur gleichen Zeit des Jahres, wenn sie niedrig sind, glich, und wie dieser zeigte es eine grüne, nicht eine braune Färbung. Aber weiterhin, nachdem ich die grosse Krümmung des Abacaxis hinter mir hatte, fand ich, dass das Wasser wieder nach und nach klarer und dunkler wurde, bis es so braun war wie das Rio Negrowasser, und so ging es fort, soweit ich kam. Es schien mir, dass der Wechsel in dem mittleren Teil durch den Ausfluss aus Stauwassern verursacht wurde, in welchen Lehmbänke blossgelegt wurden. Die Richtung des Flusses begünstigte die Thätigkeit des Windes (N.O. oder O.-N.O.), was eine Ausspülung verursachte und den Gedanken mir aufdrängte, dass der Lehm vielleicht die braune Farbe des Wassers absorbiere und ihm eine grünliche Färbung gäbe. Wenn der Fluss hoch ist, würde diese Ursache wegfallen, und dies mag der Grund davon sein, warum (wie ich so oft bei den Mündungen der Zuflüsse des Purus u. s. w. beoabachtet habe) das Wasser von solchen Flüssen viel heller ist, wenn sie niedrig sind, dagegen dunkle Färbung aufweist zur Zeit der Flut."[1])

Mit unbedeutenden Ausnahmen fand Chandless alle Flüsse, welche in den Abacaxis ihre Wasser führten, annähernd von derselben schwarzen Farbe wie der Hauptstrom.[2])

c) Der Canuma-Fluss,[3]) der letzte von den drei Paranamirim-Tributären, ist am wenigsten erforscht. Auf ihm kam Chandless nicht so weit aufwärts, als bei den andern beiden Strömen; die 3. Phase erreichte er hier nicht mehr. Auf der befahrenen Strecke soll der Canuma viele Stromschnellen haben, von denen einige schwer und gefährlich zu passieren sein sollen. 60 bis 70 Meilen oberhalb der Mündung

---

[1]) pag. 423. [2]) pag. 423. [3]) pag. 424.

des Acáry sind vermutlich keine Störungen mehr im Stromlauf des Canuma vorhanden. Der Fluss ist durch die starken Fieberepidemien berüchtigt, die während des „Niedrigwassers" auftreten und oft mörderisch wirken, beim ersten Steigen des Wassers aber als wie mit einem Schlage vernichtet erscheinen sollen, ganz ähnlich als wie in New Orleans der erste Frost das gelbe Fieber beendet. Am untern Teil des Flusses wird Tabak gebaut; weiter aufwärts herrscht Urwald vor und ist der Fluss so gut wie unbewohnt.[1])

6. Die schwarzen Nebenflüsse des Madeira und des Purus.

Die drei Schwarzwasserströme Canuma, Abacaxis und Maué-assu, die in den Paraná-mirim de Canuma, einem Seitenarm des Madeira, münden, haben wir bereits kennen gelernt. Ob die beiden Rio Negros, von denen der eine ein Nebenfluss des Beni, der andere ein Tributär des San Miquel (Nebenfluss des Guapore) ist,[2]) Schwarzwasserflüsse mit klarem Wasser sind, wissen wir nicht, dagegen ist der River Machado, der rechtsseitig in den Madaira fliesst, ein solcher.[3]) Chandless sagt von ihm auch, dass er im Februar und März steige und dass zu dieser Zeit das Fieber an seinen Ufern gewaltig herrsche. Der Madeira selbst soll zur Trockenzeit nach Sellin[4]) eine sehr braune Farbe haben, während er zur Regenperiode, wenn Detritusmassen seine Fluten verunreinigen, gelblich sei wie der Amazonas.

Das gleiche soll auch beim Purus zutreffen.[5]) Ausserdem hat dieser Strom ebenfalls echte Schwarzwasserströme als Nebenflüsse. Ehrenreich schreibt: „Verschiedene Puruszuflüsse zeigen in dicker Schicht tintenschwarze, in dünner hellbraune Färbung, die den Geschmack des Wassers nicht alteriert." [6]) Auf eine Anfrage von meiner Seite aus bei Herrn Ehrenreich über die näheren Ursachen dieser eigenartigen Schwarzwasser hatte der sehr verehrte Forscher die Güte, mir folgendes zu entgegnen: „In Erwiderung Ihrer Anfrage

---

[1]) Siehe auch: 1. Martius, S. 1308, 1306, 1315; 2. Bates, S. 158. [2]) Debes, „Neuer Handatlas" (Mittel- und Südamerika No. 59). [3]) Journ. R. G. S. 1870 S. 423. [4]) Sellin: „Das Kaiserreich Brasilien", I. T., Leipz. 1885, S. 15. [5]) Ebenda, S. 15. — Ferner: Avé-Lallement, II. Tl.: „Durch Nordbrasilien", S. 208. [6]) Verhdlg. d. Ges. f. Erdk. zu Berlin 1890 S. 160.

bezüglich der Schwarzwasserflüsse erlaube ich mir Ihnen mitzuteilen, dass ich diese Frage nicht genauer verfolgt habe. Der Purus scheint mehrere Zuflüsse mit schwarzem Wasser zu haben, von denen ich einen, den unterhalb Hyutanaham einmündenden Aciman, selbst befahren habe." — Auch nach Chandless haben mehrere Purustributäre schwarze Fluten. „Am 7. Juni", so schreibt Chandless, „passierte der Kahn die Mündung des Parana-pixuna, dessen schwarzes Wasser über 3 engl. Meilen weit unvermischt im Purus zu bemerken war." [1]) Der Inauynim gehört ebenfalls hieher. [2])

7. Der Rio Autaz. Dieser Schwarzwasserfluss ist nur an seiner Mündung bekannt. Avé-Lallemant schreibt von ihm: [3]) „Am Nachmittag erkannte der Indianer, den mir Herr Braulio als einen des Weges kundigen Menschen mitgegeben, in der Ferne die Mündung des Rio das Uautaz oder Otas, und wirklich liefen wir bald in einen etwa 1000 Klafter breiten Fluss mit klarem, schwarzgrünem Wasser ein, welcher sich offenbar noch in einem Zustande von Aufstauung befand, denn noch immer war der Amazonenstrom hoch genug, um das Ablaufen der Wasser aus seinen Zuflüssen zu verhindern. Diese Aufstauung – Represa — schien mir am Rio-das-Otas, welcher einige Meilen oberhalb des mächtigen Madeira in den Amazonenstrom fällt, doch auffallend gross. Der kleine Fluss, der wenigstens als solcher auf den Landkarten steht und mir als ein solcher bezeichnet worden war, erschien mir ein unabsehbarer Landsee und für einen unbedeutenden Nebenfluss ungeheuer gross und breit. Das Tachi blühte in prachtvoller Menge längs des dunkeln, spiegelglatten Wassers. Ein wunderbarer Abendschatten senkte sich herab auf den schwarzen Fluss."

8. Der Rio Coary. Der Coary ist ein dem Purus sehr ähnlicher Fluss, welcher ebenfalls vom Solimões sich in südlicher Richtung bis etwa 10° s. B. erstreckt. „Ein Mann, der zu uns kam", schreibt Avé-Lallemant, „war 15 Tage den Strom aufwärts gegangen, ohne sein Ende zu

---

[1]) Pet. Mittlg. 1867 pag. 257. [2]) Pet. Mittlg. 1867 pag. 260. [3]) Avé-Lallemant: „Reise durch Nord-Bras." II. Tl. S. 259 und 260.

erreichen. Ein ununterbrochener Wald deckte sein Ufer." Sein Wasser ist schwarz.[1])

9. Der Rio Teffé.[2]) Er ist ebenfalls ein Schwarzwasserfluss mit klarem Wasser und führt die Namen Tefé, Taifé, Taipé, Tapi (d. h. in der Tupisprache: tief). Während er bei seinem Einflusse in den Amazonas sich seeartig erweitert, engt er sich weiter aufwärts sehr bald ein. Seine Ufer sind mit dichter, aber niedriger Waldung bedeckt, arm an Sasseparilla und Cacao, deshalb wenig besucht. An seinem Unterlaufe liegt die Stadt Teffi (Egas). Eine Strömung des Flusses war nach Bates nicht bemerkbar, „und das Wasser hatte eine olivenbraune Farbe; die unter Wasser gesetzten Stämme waren aber bis zu einer grossen Tiefe sichtbar." Das „schwarze" Wasser des Teffé braucht lange, sagt Avá Lallemant, bis es sich mit den grauen Fluten des Amazonas vereinigt.

10. Der Jutahy. Dieser Fluss wurde von Brown und Lidstone mit einem Amazonasdampfer 725 km weit von der Mündung aus aufwärts befahren.[3]) Er ist nicht zu verwechseln mit dem Jutachy, einem nördlichen Tributär des Amazonas, der zwischen dem Paru und Rio Curupatuba dahinfliesst. Sein Flussbett liegt in der grossen Amazonasniederung westlich des Rio Jurua und ist in lockeren Sand und in Sandsteine, welch letztere aber selten anstehen, eingegraben. Zuerst hat der Jutahy bis etwa über den 5^0 S. Br. hinaus nordöstliche Richtung, worauf er dann bis zu seiner Mündung fast rein nördlich fliesst.

11. Der Samiria-Fluss.[4]) Er ist ein kleiner Strom, welcher wenig oberhalb der Mündung des Ucayale auf dem

---

[1]) 1. Avé-Lallemant: „Reise durch Nord-Brasilien", II. Tl. S. 210. 2. Spix und Martius, S. 1153. [2]) Siehe: Spix und Martius, S. 1161 und 1163. — Bates, S. 286, 312, 315. — Avé-Lallemant: „Reise durch Nord-Brasilien", II. Tl. S. 212, 214, 251. [3]) Brown and Lidstone: Fifteen thousand miles on the Amazon and its tributaries pag. 502. [4]) Zeitschr. der Ges. für Erdk. z. Brl. Bd. 32. Jhrg. 1897. S. 387.

rechten Ufer des Marañon einmündet und in ziemlich starken Windungen im allgemeinen von Süden nach Norden fliesst. Seinen Ursprung hat er wahrscheinlich in dem etwas erhöhten Gelände in der Gegend des Yurimaguas. Sein Wasser ist im Gegensatz zu dem trüben, weisslichen des Marañon, braunschwarz und klar. Im Glase betrachtet erscheint es goldbräunlich; sein Geschmack ist etwas unangenehm. Die Wassertemperatur fand Rimbach an der Oberfläche 23° C.

IV. Die schwarzen Ströme des brasilianischen Berglandes.

Schon die Namen Rio Preto, Rio Negro und Rio Pardo auf unseren Karten zeigen, dass auf dem alten Gebirgszuge, der sich vom Amazonas bis zum La Plata an der Küste dahinzieht, die Schwarzwasserflüsse landschaftsbestimmend auftreten. „Unweit Agá", schreibt Wied-Neuwied,[1]) „erreichten wir einen Fluss, dessen Wasser eine dunkel-kaffeebraune Farbe hatte wie die meisten Waldbäche und kleinen Flüsse dieses Landes" (Bahia). „Der Name der Gewässer ist sehr häufig", sagt Tschudi[2]) von den Flüssen der Provinz „Minas geraes", „von ihrer Farbe genommen, daher die unzählige Wiederkehr der Flussbenennungen Rio Negro oder Rio Preto (der schwarze Fluss), Rio Pardo (der braune Fluss)." -- „Die deutlich sichtbare Vereinigung des grünen Meerwassers mit dem dunkelschwärzlichen der Flüsse der Provinz Espirito Santo und der Provinz Minas geraes gab der Aussicht auf dem Schiffe nach Wied-Neuwied „einen besonderen Reiz".[3]) — Leider sind uns von den zahlreichen schwarzen Strömen der Sa do Mar nur wenige gut bekannt. Teils liegt der Grund hiezu darin, dass die Reisen in diesem Gebiete infolge des Gebirgscharakters fast ausnahmslos zu Lande ausgeführt werden, teils aber auch in dem Umstande, dass

---

[1]) Prinz Wied-Neuwied, I. Tl. S. 174. [2]) Pet. Ergänz. Bd. 1863 und 1864. N. 9. „Die Bras. Prov. Minas Geraes." [3]) Neuwied, I. Tl. S. 301.

verhältnismässig nur kleine Strecken Landes von europäischen Reisenden erforscht sind. Die unzähligen Namen: Rio Negro, Rio Preto etc. sind meist den Flüssen von den Eingeborenen gegeben worden, ob aber wirklich alle diese Gewässer ihre Bezeichnungen verdienen, entgeht unserer Kenntnis. Wir werden im folgenden daher auch nur die Flüsse behandeln, von denen wir auf Grund authentischer Berichte mit Sicherheit wissen, dass sie wirkliche Schwarzwasserflüsse sind.

1. Der Paraguassu. Er entsteht mitten in der Provinz Bahia an den Abhängen der Serra da chapa da diamantina. „Hier im Zentrum der Provinz vereint sich ein ganzes Netz von Flüssen", schreibt Ave-Lallemant,[1] „welche dann zusammen in einem nicht unbedeutenden Strome und vielfach gebogener Schlangenlinie nach Osten fliessen unter dem Namen des Paraguassu. Doch verhindern 12—15 geogr. Meilen vor seiner Mündung einige Stromschnellen und Wasserfälle des so entstandenen Flusses die Beschiffung, welche in der That nur 7 Leguas (5 geogr. Meilen) von seiner Verbindung mit dem Meerbusen aufwärts bemerkenswert ist." Die ganze Länge des Paraguassu beträgt ungefähr 500 km. An seiner Mündung ist der Strom 450 m breit. Seine Fluten haben schwärzliche Farbe.[2])

2. Der Rio Inhumerim. Er ist nur ein kleiner Fluss, der bei Rio de Janeiro in den Atlantischen Ozean sich ergiesst. In hundert Windnngen schlängelt er sich nach Eschwege von der granitischen Serra dos Orgaos herunter in das Meer. Je weiter man den Fluss aufwärts fährt, desto schwärzer wird sein Wasser.[3])

3. Der Rio Jacuhy. Er durchfliesst die Provinz Rio Grande do Sul von West nach Ost. Seine Breitendimensionen sollen wundervoll sein; „denn", schreibt Avé-Lallemant, „wenn der Fluss auch oft verengt erscheint, wenn auch einzelne, oft bedeutende Sandbänke sich weit hineinschieben ins Wasser und manche Stromschnellen, Cachoeiras, im heftigeren Lauf die oft sehr geringe Tiefe des Wassers verraten, so dass das Dampfboot von sehr kundiger Hand geleitet werden muss, wenn auch das alles vorkommt, so erscheint der schöne Fluss dennoch meistens 5—800 Fuss breit und bildet besonders an Stellen, wo man ihn fast eine halbe Meile hinaufschauen kann, herrliche Flusscenerien

---

[1]) Avé-Lallemant, I. Tl. S. 55, 56, 58 „Reise durch Nordbrasilien". [2]) Spix und Martius, S. 619, 620, 621. Bd. II. [3]) Eschwege: „Brasilien, die neue Welt" etc. I. Tl. S. 3 und 4.

und anmutige Landschaftsprospekte." Er mündet bei Porto Alégre in den Atlantischen Ozean. Sein Wasser ist schwarz und klar.[1])

4. Der Rio Uruguay. „Das ganze Colorit des Flusses ist so", schreibt Avé Lallemant von seinem Oberlauf, „dass ich ihn einen schwarzen Fluss nennen möchte, wenn es nicht schon viele Rio-Negros gäbe.[2]) Sein Quellgebiet liegt in der Serra Geral, wo die zwei Bäche, welche aus seinen bedeutendsten Quellen gebildet werden, die Namen Cachorros und Canôas führen. Nach einem Laufe von ungefähr 40 km vereinigen sich beide Bäche und empfangen einige Meilen unterhalb ihrer Confluenz unter 27° 30′ S. B. den Carreiras.[3]) Der ganze Oberlauf ist im allgemeinen nach Westen gerichtet und ist eigentümlich durch sein ungleiches Tiefenverhältnis und seine sehr veränderliche Wassermenge. „Während er bei Itaqui 43,2 m tief war", berichtet Avé Lallemant, „und nicht die geringste Strömung zu erkennen gab, fand ich ihn auf meiner Fahrt an andern Stellen kaum einige Fuss tief, wo er dann schneller dahinschoss, Wirbel und Kreise auf seiner Fläche zeigte und selbst zu rauschen anfing."[4]) Das ganze obere Uruguay-Gebiet ist noch von echtem Urwald bedeckt. Zwischen 27° und 28° s. Br. bildet der Fluss grosse Fälle; hier verlässt er seinen Hochlandslauf, ist für grössere Schiffe nun befahrbar und verfolgt immer mehr eine südliche Richtung. Er läuft nun ziemlich dem Paraná parallel und mündet in das grosse La Plata-Ästuarium. Auf dieser Laufstrecke ist der Uruguay ein echter Tieflandsstrom und hat einen mannigfachen Wechsel in seiner Wasserfärbung aufzuweisen, daher wohl sein Name: Uruguay d. h. „Wasser des bunten Vogels".

5. Der Rio Mortes ist ein Nebenfluss des in den Parana fliessenden Rio Grande. Er hat schwarzes Wasser und seine Wiege auf der granitischen Sa Mantiqueira.[5])

6. Der Rio Tietè. Er ist ein Nebenfluss des Rio Parana und wurde schon von Martius und Spix bis zu seiner Mündung befahren.[6]) Seine Quellen liegen auf der Sa Paranapiacaba. La Avé-Lallemant schreibt vom Tietè: [7]) „Recht eigentlich mitten durch die Provinz S. Paulo fliesst in nordwestlicher Richtung zum Paraná ein herrlicher Strom, der schon genannte Tieté, dessen Wichtigkeit für die Provinz S. Paulo nicht nur, sondern für Goyaz und Mato-Grasso von jeher in die Augen springend war." Auch Eschwege lieferte einen kleinen Beitrag zur

[1]) Avé-Lallemant: „Reise durch Süd-Brasilien", I. Tl. S. 184, 186, 185. [2]) Ebenda, S. 330. [3]) Beschoren, „Beiträge zur näheren Kenntnis der bras. Provinz Rio Grande do Sul", Erg.-Band 21, 1889—90. N. 96, S. 67. [4]) a. a. O. S. 354. [5]) Spix und Martius, Bd. I S. 316, 317. [6]) Ebenda, Bd. I S. 216, 264, 267, 288, 289. [7]) Avé-Lallemant, „Reise durch Südbrasilien", II. Tl. S. 439.

Kenntnis dieses Stromes.[1]) Das Wasser des Flusses ist nach Martius schwarzbraun.

V. Zweifelhafte Schwarzwasserflüsse.

Wir haben nun im vorhergehenden sämtliche Flüsse angeführt, von denen wir auf Grund authentischer Berichte mit Sicherheit wissen, dass sie schwarz und meistens ganz klar sind, so ungefähr, wie sie uns Humboldt als auffallend vom Atabapogebiet schildert. Wie wir später erfahren werden, muss es natürlich noch unzählige solcher Gewässer auf der grossen brasilianischen Masse geben, was auch die zahlreichen schwarzen Seen und Teiche, die dort auftreten, beweisen,[2]) und uns ferner hunderte von Namen „Rio Negro, Rio Preto“ etc. bezeugen. Freilich müssen letztere Bezeichnungen, wie ich schon einmal erwähnte, mit Vorsicht aufgefasst werden, da sie meistens bloss auf Erkundigungen beruhen;[3]) allein die Existenz der meisten dieser Flüsse dürfte doch gegeben sein in dem Vorhandensein der örtlichen Umstände, die einen Schwarzwasserfluss mit klarem Wasser bedingen. Ganz anders liegen die Verhältnisse aber in Südamerika ausserhalb der brasilianischen Masse. Auch dort kommen sog. Rio Negros, wie unsere Karten zeigen, nicht selten vor, und namentlich Argentinien, speziell die Gran Chaco, ist reich an dunklen Gewässern, wie mir Herr Prof. Vogel aus München persönlich mitteilte; doch die Ursache dieser dunklen Färbung liegt offen zu Tage: Dadurch, dass diese Ströme meistens schlammigen und salzhaltigen Boden haben und mit zahllosen Salzmorästen und sumpfigen Lagunen in Verbindung stehen, können sie ganz dunkel und oft schwarz erscheinen, allein ein auffälliges Rätsel sind sie den Forschern noch nie geworden. Ich habe die besten Reiseberichte z. B. über den

---

[1]) Eschwege, „Brasilien, die neue Welt“, 2. Tl. S. 61—64.
[2]) Spix und Martius, S. 1351, 1135, 1161, 1183, 1184, 1215. — Deutsche Rundschau 1898 S. 91. [3]) Auch in anderen Erdteilen ist es so; siehe: Baikie's Exploring Voyage p. B. „the Natives fancy, there is a difference in the colour of the two streams.“ London.

sehr gut erforschten „Rio Negro" Patagoniens, durchstudiert und fand keine Stelle, nach der er als eigentlicher Schwarzwasserfluss zu betrachten wäre.[1–4] Er kann zwar nach dem Darwin'schen[5] Bericht an seiner Mündung von Schlamm- und Grusmassen so durchschwängert sein, dass er, namentlich zur Hochwasserzeit, grau und dunkel erscheint, allein ein eigentlicher Schwarzwasserfluss wie die „schwarzen Flüsse Brasiliens" ist er nicht. Ähnliche Beispiele haben wir genug! Der Kara Darya (schwarzer Strom), ein Quellfluss des Sir Darya, hat seinen Namen nur von seinen durch Salz- und Grusmassen verunreinigten Fluten;[6] das gleiche ist der Fall beim Inirida (schwarzer Fluss) Afrikas.[7] Freilich, wo die Verhältnisse günstig für die Bildung von klaren Schwarzwassern sind, da müssen diese Gewässer vorhanden sein. So erzählt uns z. B. Humboldt, dass diese „schwarzen Wasser", wenn auch selten, auf den Hochebenen der Anden vorkommen. „Wir fanden die Stadt Cuenca im Königreich Quito von drei Bächen umgeben, dem Machangara, dem Rio del Matadero und dem Yanuncai. Die zwei ersteren sind weiss, letzterer hat schwarzes Wasser. Dasselbe ist, wie das des Atabapo, kaffeebraun bei reflektiertem, blassgelb bei durchgehendem Licht."[8] Auch mehrere Seen in Peru fand Humboldt bräunlich, ja fast schwarz.[9] Leider ist unsere Kenntnis über diese Gewässer zur Zeit noch so gering, dass wir uns vorerst mit diesen kurzen Angaben begnügen müssen.

---

[1] Descalzi, „Der Rio Negro Patagoniens." Pet. Mittlg. 1856. S. 32. [2] Zeitschrift d. Ges. f. Erdk. 1882. z. B. S. 153. [3] Wichmann: „Die Pampas des südl. Argentinien"; Pet. Mittlg. 1881. S. 99. [4] „Wissenschaftl. Resultate einer argent. Expedition nach dem Rio Negro" von Gustav Niederlein, Zeitschr. d. Ges. f. Erdk. 1881 S. 61. [5] Charles Darwin, Naturalist's Voyage, London 1845 pp. 63–65. [6] Sven Hedin, „Becbachtungen über etc.", Verhandlg. der Ges. f. Erdk. z. Berlin. 1894. S. 160. [7] Pet. Mittlg.: „Brief Walkers an Petermann"; S. 112. Jahrg. 1875. [8] Humboldt, III. Bd. S. 195. [9] Ebenda, S. 193.

D. Allgemeines über die Schwarzwasserflüsse Südamerikas.

I.

Das Steigen und Fallen der Schwarzwasserflüsse.

In unseren Klimaten, in mittleren oder höheren Breiten, wo die jährlich aus der Atmosphäre niederfallende Wassermenge sehr nahe durch alle Jahreszeiten gleich verteilt ist, ist auch der Wasserstand der Flüsse gleichmässig. Ganz anders gestalten sich diese Erscheinungen in den wärmeren Klimaten, und namentlich in Gegenden der Erde, welche innerhalb der Wendekreise liegen. Dort ist, wie wir aus den übereinstimmenden Berichten der Naturforscher wissen und wie es auch unmittelbar aus den Verhältnissen des Standes der Sonne und der Einwirkung, welche sie auf die Erdoberfläche ausübt, hervorgeht, keineswegs die Wassermasse, welche die atmosphärischen Niederschläge geben, das ganze Jahr hindurch auch nur annähernd gleich verteilt. Die Witterung teilt sich in diesen tropischen Klimaten in zwei sehr entschieden gegen einander hervortretende Jahreszeiten, in deren einer es gar nicht oder doch höchst selten, in der anderen dagegen häufig und reichlich regnet, und die man daher mit einer besonders passenden Bezeichnung die Trockenzeit und die Regenzeit zu nennen pflegt.

Dieses Verhältnis muss natürlich auch in dem Stande der Flüsse jener Länder sich wiederspiegeln, und der Wasserstand schwankt daher hier in regelmässig wiederkehrendem Verlauf. Angesichts der Bedeutung, welche die Vermehrung oder Verminderung des Wassers der Flüsse für die Kultur eines Landes hat, wird die Wasserstandsänderung ein Gegenstand grosser Beachtung und Wichtigkeit für die Anwohner. Eben deshalb wird auch in diesen Teilen der Erde das jährliche Austreten der Flüsse mit besonderer Aufmerksamkeit betrachtet. Der regelmässige Verlauf und die nahezu sich gleich bleibende Höhe charakterisieren das regelmässig zu denselben Zeiten wiederkehrende Phänomen.

Selbstverständlich ist diese wichtige Erscheinung, wie wir im folgenden hören werden, auch bei den schwarzen Flüssen der bras. Masse deutlich bemerkbar; freilich, genaue Werte über die Höhe der verschiedenen Wasserstände bei den einzelnen Flüssen fehlen fast vollständig, da Pegelbeobachtungen in diesem Gebiete so gut wie ganz fehlen. Aber dennoch sind wir im Stande, vermittelst zahlreicher natürlicher Wasserstandsmarken ungefähre Werte über das Fallen und Steigen dieser Gewässer zu geben; denn die durch die Überschwemmungen an den Ufern der Flüsse hervorgebrachten Veränderungen sind so augenfällig, dass selbst die Indianer mit der Beschreibung der Ufer die Höhe des Wasserstandes zu bezeichnen gewohnt sind. „Hochwasser", sagt Martius, „nennen sie Ygapó-ocu oder Ojepypyc-oaê, d. i. alles ertrunken; niedrigsten Stand: Cemeyba pirera, d. h. gefallene Ufer, weil dann die entblössten Ufer einzustürzen pflegen; den Zustand halber Stromfülle heissen sie Cemeyba pyterpe, d. h. halbe Ufer."[1]) Die vom Wasser zur Periode seines Fallens an den Bäumen zurückgelassenen Schlammspuren sind es auch, welche den Reisenden an jene gewaltige Höhe erinnern, die das entfesselte Element zur Zeit der Überschwemmungen erreicht. Meist reichen die wildwogenden Fluten bis an die Wipfel der Bäume, die dem Drange der Wellen preisgegeben sind. „Der Samiria", schreibt z. B. Rimbach,[2]) „war, wie man an den Schlammmarken sah, erst wenig gefallen. Der dichte hohe Wald, der die ganze Gegend bedeckt, stand in der Nähe der Flussläufe überall unter Wasser." Aber wir haben nicht nur Wasserstandsmarken, die das vertikale Steigen dieser Gewässer bezeichnen; auch die Grenzen der Überflutungen landeinwärts sind meistens fest markiert durch fixe Linien und Flächen. Wir sehen ab von kleineren Erkennungszeichen, die die Ausdehnung dieser Überschwemmungen markieren, wie z. B. von der Thatsache, dass die Schildkröten nur ihre Eier, wie Spix und Martius berichten, an die äusserste Grenze grössten Wasserstandes legen, weshalb die unzähligen zerbrochenen Schalen ziemlich gute Merkmale bilden über die Ausbreitung der Gewässer zur Hochwasserzeit;[3]) wir denken namentlich an die Vegetation, die fast bei all diesen Flüssen, speziell in der Amazonasniederung, ein vortrefflicher Massstab für die horizontale Grösse dieser gewaltigen Überschwemmungen ist: es sind die drei Typen des Igapó, der Varzea und der Terra firma.[4])

Die erstere Vegetationsform, der Igapo, ist das bis zu 30—35 km breite, an den beiden Flussufern sich hinziehende Überschwemmungsgebiet, welches in der Regenzeit für mehrere Monate so überflutet wird, dass selbst die höchsten Bäume nur noch mit den Wipfeln über dem Wasser hervorragen. Das nächstfolgende Gebiet nimmt die

[1]) Spix u. Martius, Bd. III S. 1359. [2]) Zeitschr. d. Ges. f. Erdk. z. Brl. 1897, 32. Bd. S. 387. [3]) Spix u. Martius, S. 1138 u. 1139. [4]) Keller-Leuzinger, S. 25 u. 26. — Bates S. 283; — P. M. 1867 S. 260 — Verh. d. Ges. f. E. 1890 S. 169.

Varzea ein. Sie wird nicht mit jedem Hochwasser überflutet und niemals bis zu bedeutender Tiefe. Bei normalem Wasserstande bildet sie fast durchgehends die Ufer. Die Terra firma endlich wird von der Hochflut nicht mehr erreicht. Der Wald hat hier ein ganz anderes Aussehen. Die Bäume erreichen oft eine Höhe von 60—70 m, und das Unterholz und die Schlingpflanzen, die sich von Baum zu Baum winden, stehen oft so dicht beieinander, dass man sich nur mühsam und Schritt für Schritt seinen Weg mit dem Waldmesser hindurchzubahnen vermag.

*)

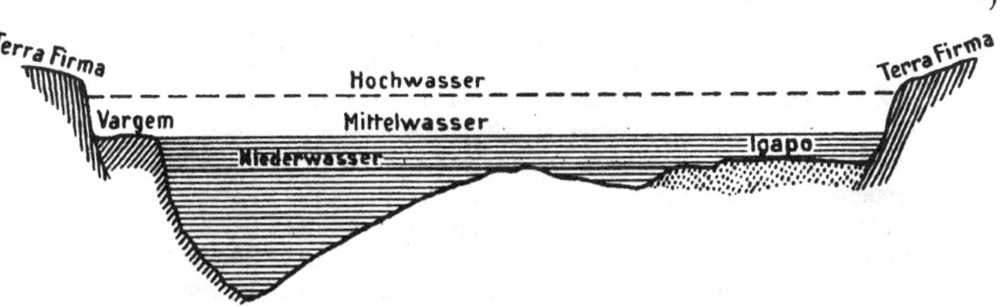

Dass der Unterschied zwischen Hoch- und Niedrigwasser bei den einzelnen Schwarzwasserflüssen wieder meist sehr verschieden ist, ist erklärlich. Die örtliche Lage des Flusses, der betreffende Flussabschnitt und die Niederschlagsmengen müssen hier in erster Linie berücksichtigt werden. Bei manchen der von mir betrachteten Schwarzwasserströme ist die Differenz zwischen dem höchsten und niedersten Wasserstande einigermassen bekannt. Sie beträgt z. B. beim:

Essequibo (im Oberlaufe)	8 m [1])
Rupununi	6 m [2])
Corentyn	6 m [3])
Rio Negro (Oberlauf)	4 m [4])
Rio Negro (Unterlauf)	10 m [5])
Xingu, oberhalb der Volta	4 m [6])
Xingu, unterhalb der Volta	3 m [7])

---

*) Obige „ideale Darstellung der verschiedenen Altersstufen der Ablagerungen" ist nach Franz Keller-Leuzinger gezeichnet. (Siehe: „Vom Amazonas u. Madeira", S. 25.)

[1]) Rob. Schomburgk S. 318. [2]) Ebenda S. 325. [3]) Ebenda S. 180. [4]) Coudreau, Bd. 2 p. 238. [5]) Prinzessin Therese von Bayern S. 82. [6]) Clauss, P. 1886 S. 171. [7]) Ebenda S. 171.

Araquaya bei S. Leopoldina . . . 7 m [1])
Araquaya bei S. Maria . . . . 8—9 m [2])
Unterer Tocantins . . . . 10 m [3])
Tapajoz . . . . 9 m [4])

Was die genaue Dauer des Steigens und Fallens der südamerikanischen Schwarzwasserflüsse betrifft, sowie das Maximum und Minimum dieser Erscheinungen, so liegen darüber noch wenig Beobachtungen vor. Allerdings kann man im allgemeinen sagen, dass die Flüsse zu Beginn der Regenzeit steigen und beim Hereinbrechen der Trockenzeit rapid fallen; allein diese allgemeine Regel, die wir am Anfange schon erwähnten, wird in einzelnen Fällen durch verschiedene Faktoren oft so modifiziert, dass das Bild hierüber eine ganz andere Gestalt erhält. Um ein Beispiel zu gebrauchen, sei nur erinnert, dass der Rio Negro im Unterlaufe im November gerade den Anfang der Regenzeit hat und hier so ziemlich noch den niedrigsten Wasserstand haben würde, wenn nicht zu dieser Zeit eben sein grösster Zufluss, der Rio Branco, seine Hochwasserperiode hätte. Und was die Maxima und Minima dieser Erscheinung in den einzelnen Monaten betrifft, so sind natürlich genaue Beobachtungen darüber noch spärlicher. Um eine genaue Flutkurve von einem Gewässer zu erhalten, bedarf es eben längerer Zeiträume der Beobachtung und auch dann noch hat eine solche Kurve nur Wert für einen bestimmten Flussabschnitt.

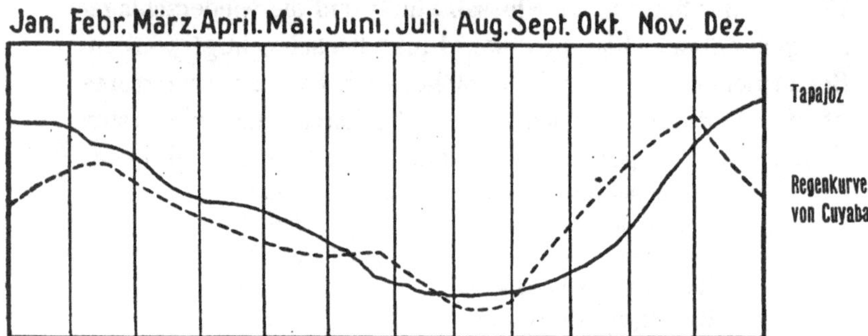

Die einzige vorhandene graphische Darstellung des Steigens und Fallens einzelner südamerikanischer Flüsse ist die von Martius, B. III S. 1359. Auf welchem Material seine Skizze beruht, gibt der Forscher nicht an, wahrscheinlich aut Erkundigung. Die Kurve für den Tapajoz

[1]) Ehrenreich, G. G. E. 1892 S. 142. [2]) Ebenda. [3]) Ebenda.
[4]) Martius S. 1358. — Bates S. 204.

entspricht nach Martius ungefähr den Regenverhältnissen auf dem brasilianischen Plateau und stimmt so ziemlich mit der Regenkurve P. Vogels überein.[1])

Die beste Nachricht über den Wasserstand des Tapajoz gibt uns aber Katzer. Er schreibt:[2]) „Der Höhenunterschied zwischen dem Tief- und Hochwasserstände beträgt am unteren Tapajós durchschnittlich 5 bis 6 m. Die Trockenzeit mit Niederwasser dauert hier von Juli bis Dezember; am oberen Tapajoz tritt sie aber schon im Mai ein und dauert bis Oktober. Der höchste Wasserstand fällt oberhalb der Fälle auf den Dezember, am unteren Tapajoz jedoch auf den Februar, wobei ein Ausgleich der Wasserstände oft gewissermassen ruckweise zustande kommt und Eigentümlichkeiten aufweist, die näher studiert werden sollten. So soll z. B. im Jahre 1892 (im Februar) der höchste Wasserstand bei Curý um 22 cm unter jenem vom Jahre 1896 geblieben sein, wohingegen er bei Itaituba um 1,30 cm höher als jener vom Jahre 1896 gemessen wurde. Es war dies seit dem Jahre 1859 überhaupt der höchste beobachtete Wasserstand. Diese seltsamen Unregelmässigkeiten dürften wohl von den Stromriegeln und den Ausweitungen des Inudationsgebietes abhängig gefunden werden."

Die Kurve für den Xingu, die Martius gibt, entspricht ebenfalls den Regenverhältnissen auf dem brasilianischen Plateau: Beginn des Steigens im Oktober. Am untern Tocantins[3]) sind die Itaboca-Katarakte nur von November bis Mai passierbar; der Araguaya[4]) hat seinen höchsten Stand im Dezember und Januar. Was dann die Curve für den Rio Negro betrifft, so ist nicht recht klar, für welchen Flussabschnitt sie eigentlich gelten soll. Wahrscheinlich hat sie Bezug auf den Mittellauf; denn die von mir beigegebene Kurve nach Wallace, die den Wasserstandsverhältnissen im Fallgebiete des Rio Negro entspricht, deckt sich im wesentlichen mit der Kurve Martius'. „Der Fluss", schreibt Wallace,[5]) „der vom Juli an sehr langsam gefallen war, entleert sich schnell und hat im März gewöhnlich seinen tiefsten Stand. Anfangs April beginnt er plötzlich zu steigen und zwar bis Ende Mai um 6 m; dann langsam weiter bis zum Maximum im Juli, und beginnt dann mit dem Amazonas zu fallen."

Wie bedeutsam diese Erscheinung auch für die ganze organische

---

[1]) Vogel, „Reisen in Mato Grosso 1887/88" (Zeitschr. der Ges. f. Erdk. z. Berl. 1893. Tafel 5). Die Regenkurve gilt eigentlich für Cuyaba; da das obere Flussgebiet des Tapajoz aber in unmittelbarer Nähe liegt, so benützten wir sie als Vergleichsobjekt. [2]) Globus 1900 S. 284. [3]) u. [4]) Ehrenreich, Verh. d. Ges. f. E. 1889 p. 439 u. Z. d. Ges. f. Erdk. 1892 p. 142. [5]) Wallace, travels p. 430.

Lebewelt ist, schildert uns Avé-Lallemant in unvergleichlich schönen Worten: [1]) Das Steigen der Flüsse wird niemals eine Überschwemmung genannt. Wohnungen, Pflanzungen, Viehhürden, — alles ist auf das Steigen der Flüsse eingerichtet. Furchtlos sieht man das unabsehbare Element anschwellen und seine volle Höhe erreichen. Die Tiere des Waldes ziehen sich weit zurück vom Flusse und machen ebenso, wie der Fluss wächst und fällt, ihre typischen Wanderungen.

„Je mehr nun der Fluss wieder fällt, desto höher treten seine Ufer wieder hervor, desto mehr erscheinen in dem Strome von meerartiger Ausdehnung Sandbänke und nackte Schlamminseln. „Die Zeit der Ufer" („o tempo das prayas") nennt man diese Zeit. Und jetzt entwickelt sich wieder ein volles, reges Tierleben am Ufer. Tapire, Capivaris und andere Nager zeigen sich; die Unzen kommen zum Fischen an das Ufer; mit dem Schwanze, den sie in das Wasser hineinhängen lassen, locken sie die Fische an und mit der Tatze schleudern sie geschickt ihre Beute auf das Trockene. Mehr und mehr zeigen sich Reiher und Strandläufer. Wo die Fische sonst hausten, laufen die befiederten Bewohner der Lüfte und des Waldes umher, ein buntes Gewimmel und Getümmel." [2])

Zum Schlusse sei noch erwähnt, dass die zahlreichen Schwarzwasserflüsse, die dem Atlantischen Ozean ihre Fluten zusenden, auch unter dem Einflusse der Gezeiten stehen. Oft 80—110 km landeinwärts ist bei den Strömen Guayanas der Flutstrom ersichtlich und die Stauung im Unterlaufe des Essequibo beträgt meist 7—8, bei Springflut meist 10—12 Fuss Höhe.[3]) Am Demerara ist die Flutwelle nach Schomburgk bei den Normalgezeiten sogar 10 Fuss hoch[4]) und am Waini, 110 km von der Mündung entfernt, werden jedesmal beim Tidenstrome die Ufer vollständig unter Wasser gesetzt.[5]) Von den Schwarzwasserflüssen Brasiliens, die sich in das Meer ergiessen, wissen wir, dass auch sie der Einwirkung der Gezeiten nicht entzogen sind: der Mojû teilt sogar mit dem Amazonas die Pororoca,[6]) und vom Rio Peruaguaçu schreibt Martius, dass er mit dem

---

[1]) „Reise durch Nord-Brasilien", II. Tl. S. 104. [2]) Siehe auch Martius, Bd. III S. 1359; ferner Martius Bd. II S. 535. [3]) Rich. Schomburgk, Bd. II S. 257. [4]) Ebenda, Bd. II S. 443 [5]) Ebenda, Bd. II S. 448. [6]) Martius, Bd. III S. 1042.

benachbarten Meere Ebbe und Flut teile und dass die Schiffahrt auf ihm stromaufwärts erst mit dem Beginn der Flut erfolgen kann.[1])

Von welch tiefgreifendem Einflusse namentlich die Gezeiten in Guayana für die Bewohner sind, schildert uns Joest in vortrefflicher Weise. „Man darf nie vergessen", schreibt er, „dass es hier weder Landstrassen noch überhaupt irgend welche Strassen, Reit- oder Fahrwege, Pfade und dergleichen gibt, dass also der ganze Verkehr, wenn er auch nur gering ist, ausschliesslich auf den Wasserweg angewiesen ist. Und das in einem Lande, wo alle Flüsse täglich zwölf Stunden stromaufwärts fliessen, die jeden Tag zu einer anderen Stunde einsetzende Ebbe und Flut sich auch im Innern dermassen bemerklich macht, dass der Unterschied des Wasserstandes der meisten Flüsse zwischen niedrigstem Stande bei Ebbe in der trockenen Zeit und höchstem Stande bei Flut während der Regenperioden, da wo die Wasser sich stauen, 30—40 Meilen von der Mündung stromaufwärts noch bis über zehn Meter, am Orinoco oft zwanzig Meter beträgt."[2])

II. Moor- und Sumpfbildungen an den Ufern der schwarzen Flüsse.

Wohl nirgends fanden die sumpf- und moorbildenden Agentien so günstige Verhältnisse zu ihrer Entwickelung, als an den Flussufern der schwarzen Flüsse Südamerikas. Das Ineinandergreifen und Zusammentreffen fast aller nur möglichen Moorbildungsursachen musste naturgemäss jene gewaltigen Phänomene hervorrufen, die, was ihre Dimensionen betrifft, unter ähnlichen Erscheinungen der gemässigten Zone ihresgleichen suchen.

Schon im vorausgehenden haben wir erfahren, dass sich der grösste Teil der schwarzen Gewässer Südamerikas durch sein geringes Gefälle auszeichnet. Durch die grosse Ebenheit der Bodenfläche einerseits und die ganz geringe Strömung der Flüsse andererseits musste naturgemäss Infiltration des Wassers eintreten, welchen Vorgang uns schon Franz von Paula Schrank[3]) vor einem Jahrhundert in seiner

---

[1]) Martius, Bd. II S. 619. [2]) Joest, „Guayana im Jahre 1890", Verh. d. Ges. f. Erdk. zu Brl. 1891. S. 393. [3]) Frz. v. Paula Schrank, Naturhist. u. ök. Briefe des Donaumooses. 1795.

Theorie von der Entstehung des Donaumooses klar gelegt und Gümbel[1]) und Soyka[2]) in überzeugender Weise bestätigt haben. Da nun, bedingt durch die Horizontalität des Bodens, die schwarzen Flüsse Südamerikas, ähnlich unseren Moorbächen, auf vielverschlungenen, gekrümmten Pfaden dahinziehen, in ihrem Verlaufe durch steten Wechsel der Breite des Bettes und durch Serpentinbildung gekennzeichnet, so begünstigen ausser der dadurch verstärkten Infiltration zahlreiche Überschwemmungen und Stauungen des Wassers die Bildung von Sümpfen und Mooren. Es kann uns deshalb nicht wundern, dass auch die Savannenflüsse das ganze Jahr hindurch sumpfige Ufer haben können, zudem sie ja ausserdem noch meistens von Galeriewäldern begleitet sind.

Ein weiterer Faktor, der als wichtiger Sumpfbildner hier auftritt, ist die überaus grosse atmosphärische Feuchtigkeit. Das Kapitel über die Niederschlagsverhältnisse im Gebiete der Schwarzwasserflüsse lässt sofort einen Schluss auf das Vorhandensein dieser Sumpfbildungen ziehen. Im Gebiete des Rio Negro und oberen Orinoco, auf dem Berglande von Guayana, in der Amazonasniederung und im östlichen Teile des Berglandes von Brasilien sind die Niederschlagsmengen geradezu enorm, hier finden wir infolgedessen auch ausgedehnte Sumpf- und Moorbildungen. Im südlichen Brasilien und auf Mato Grosso sind zwar die Niederschlagsmengen nicht gerade gering, aber ungünstig auf die Jahreszeiten verteilt, infolgedessen herrscht hier, mit Ausnahme einiger von Urwäldern begleiteten Flussufer, die Campregion vor.

Dazu kommen die geognostischen Verhältnisse. Die Gesteinsarten, deren Verwitterungsprodukte an der Oberfläche die durchlässige Schicht bilden, sind die alten Urgesteine: Gneis, Glimmerschiefer, Granit und der geologisch jüngere Sandstein. Die chemische Beschaffenheit dieser Gesteine ist, wie die Tabelle III sagt, fast gleich. Auch ihre Zersetzungsprodukte stimmen in dieser Hinsicht überein: jener Grus und Sand, der im Gebiete der schwarzen Flüsse fast überall zu finden ist, ist nichts anderes, als was wir in Afrika Laterit nennen.. Nun ist bekannt, dass Laterit sehr permeabel ist. Zufolge seiner Wasserkapazität hält er die Feuchtigkeit zurück, die durch Adhäsion an die Bodenteile, sowie durch Capillarität der Hohlräume gebunden wird. Dadurch dass nun unterhalb der durchlässigen Verwitterungsprodukte die undurchlässigen Tonsubstanzen und die Urgesteine und Sandsteine dem Wasser entgegentreten, sammeln sich allmählig die Wasser hier an, verdrängen die Luft aus den Poren der durchlässigen Schicht und füllen diese selbst mit ihrer Feuchtigkeit aus. Dass dadurch den sumpfbilden-

---

[1]) Gümbel; Geologie v. Bayern II. Bd. S. 367 und 368. [2]) Soyka; „Die Schwankungen des Grundwassers" etc. Wien 1888.

den Agentien allein schon ein vorzüglicher Ort zu ihrer Entwickelung geboten ist, bedarf keiner näheren Ausführung.

Doch nicht genug! Hier auf diesem feuchten und fruchtbaren Boden konnte sich auch eine Vegetation bilden, die einem Urwalde das Leben verlieh. Selten betritt ein menschlicher Fuss diese undurchdringlichen Wälder, keine Axt fällt die meterdicken Baumriesen. Wo der Sturm einen Stamm zu Boden wirft, bleibt dieser liegen. Aus den abgestorbenen Ästen und Zweigen, aus verfaulten Blättern, toten Waldpflänzchen und dichten Streumassen bilden sich am Boden schlammige Humus- und Moorschichten, die das Wasser aus der Atmosphäre mit Begierde aufsaugen und in dem undurchdringlichen Schatten des Walddickichtes auch leicht zurückhalten. Diese Moore sind (in Bayern haben wir ähnliche Erscheinungen: Die Moore des Böhmerwaldes) [1]) echte Waldmoore (Holzmoore), im Wald und aus dem Walde entstanden, in ihren unteren und oberen Schichten fast völlig aus Waldresten und Baumstrünken zusammengesetzt.

Dass Wälder Ursache von Sumpf- und Moorbildungen sein können, ist bereits bewiesen worden durch die zahlreichen Untersuchungen Arendts, Andersens u. a. Die Ansicht von Le Quereux — der sich noch heutzutage zahlreiche Geographen anschliessen, und die in manchen Lehrbüchern irrtümlicher Weise immer noch Eingang findet —, dass nämlich die Waldmoorbildung nicht unmittelbar, sondern erst durch Sphagna, die sich auf dem modernden Holze einfinden, entstehe, ist schon durch Sendtner [2]) treffend widerlegt und später durch Gümbels [3]) klassische Arbeiten als unrichtig nachgewiesen worden.

Da im Gebiete der schwarzen Flüsse Kalkeinlagerungen so gut wie ganz fehlen, und die Thonschiefer, Granite, Glimmerschiefer und Sandsteine die Hauptbestandteile der festen Bodenschicht bilden, werden sämtliche Moore dort zu den kalklosen Mooren gerechnet werden müssen. „Nicht das Mass des Wasservorrats, auch nicht die physikalischen Eigenschaften des Untergrundes, deren Modifikationen in beiden Verhältnissen gleichen Umfang haben, entscheidet die Verschiedenheit, sondern allein das chemische Element", sagt Sendtner. Es kommt, wie hier betont sei, dabei nur auf die chemische Beschaffenheit des Wassers, das das Moor durchtränkt, an, nicht auf die chemische Beschaffenheit des Untergrundes des Moores. Wiesenmoore sind z. B. die Moore der Kalkgegenden, soweit sie von kalkhaltigen Flüssen, Quellen etc. getränkt werden, Hochmoore (Moosmoore) dagegen sind

---

[1]) Baumann, „Die Waldmoore des Böhmerwaldes" (Forst-naturwissenschaftl. Zeitschrift. München 1896. S. 15). [2]) Sendtner, „Die Vegetationsverh. Südbayerns"; S. 637. [3]) Gümbel, Geologie v. Bayern Bd. I S. 419.

an weiches Wasser gebunden. Wenn aber ein Wiesenmoor soweit emporgewachsen ist, dass seine Oberfläche dem Einfluss der Kalkgewässer sich entzieht, dann kann auf dieser Oberfläche sich ein Hochmoor bilden, das dann aber sein Wasser nur direkt von der Atmosphäre als Regen, Tau u. s. w. bezieht, also weiches Wasser. So kommt es, dass auch auf Kalkboden z. B. im Schweizer Jura, Hochmoore oft in grosser Ausdehnung auftreten, aber nie direkt auf Kalk, sondern dann eben auf einem emporgewachsenen Wiesenmoor. Mangel an Kalk ist z. B. Vorbedingung für die Entstehung eines Hochmoores, was wiederum in den Gewässern zum Ausdrucke kommt. Welch grosser Unterschied zwischen den Kalkmoorgewässern und den Gewässern kalkfreier Moore in chemischer Beziehung besteht, beweisen folgende Analysen:

I. Kalkmoorwasser: (Moosachwasser aus Schleisheim):[1])
Im Liter Wasser Milligramm: Kalk **102**.
Kieselsäure **1,6**.

II. Hochmoorwasser: (Weisser Regen oberhalb Kötzting):[2])
Im Liter Wasser Milligramm: Kalk —
Kieselsäure **10,18**.

Inwieweit dieser grosse Unterschied, der in der chem. Beschaffenheit der Gewässer dieser beiden Moorarten besteht, deren Farbe beeinflusst, werden wir später sehen. In diesem Kapitel möchten wir nur noch erwähnen, dass sich die Sumpf- und Moorbildungen der Tropenzone Südamerikas insoferne von denen unserer Gegenden unterscheiden, als sie sich **nicht** zu Torfbildungen umgestalten können Senft sagt hierüber in seinem Buche: „Die Humus-, Marsch-, Torf und Limonitbildungen" folgendes: „Ausser den torfbildenden Gewächsen zu denen unter günstigen Verhältnissen alle Pflanzenarten tauglich sein können, der geeigneten Unterlage und dem nötigen Wasservorrate, gehören nun ganz besonders bestimmte klimatische Verhältnisse zur Umwandlung der abgestorbenen Pflanzen in Torfsubstanz. Es müssen die durch des Sommers Wärme zur Verwesung angeregten Pflanzenreste durch des Winters Fröste in ihrer Verwesung gehemmt und ihre schon erzeugten Humussubstanzen unempfindlich gegen den Sauerstoff und die übrigen Verwesungspotenzen gemacht werden. Dies alles kann aber nur in denjenigen Landesgebieten der Erde stattfinden, in denen mit verhältnismässig kurzen, häufig feuchten Sommern frostreiche Winter wechseln." Daraus ergibt sich, dass die Torfbildungen hauptsächlich der gemässigten Zone angehören müssen, wie es auch thatsächlich der Fall ist. Hier sind die klimatischen Verhältnisse derart, dass sie einerseits zu üppiger Vegetation der Pflanzenwelt anregen, andererseits

[1]) Diese Analyse wurde mir von Herrn Wein, zur Zeit Professor zu „Weihenstephan" bei Freising gemacht. [2]) Siehe Tafel IV.

aber auch mit Hilfe des luftabsperrenden Wassers die vollständige Verwesung der abgestorbenen Vegetabilien hindern, somit die Torfbildung ermöglichen. In der kalten Zone sind die Bedingungen für das Entstehen von Torfmooren weit weniger günstige, weil dort jener üppige Pflanzenwuchs fehlt, der eine Anhäufung grosser vegetabilischer Massen bedingt. In den Tropen dagegen, wo die Mittel zu einer überaus reichen Vegetation in vollstem Masse gegeben sind, wirkt wieder die sich während des ganzen Jahres gleichbleibende hohe Temperatur derart beschleunigend und fördernd auf den Zersetzungsprozess der abgestorbenen Pflanzenteile ein, dass es nur zu gewöhnlichen Sumpf- und Moorbildungen kommen kann. Dadurch aber, dass dieser Zersetzungsprozess in heissen Gegenden viel rascher vor sich geht, wird ungeheuer viel Humussäure an die Gewässer abgegeben, was, wie wir später erfahren werden, von grossem Einfluss auf die Farbe derselben sein kann.

III. Biologie der schwarzen Flüsse.

In den letzten zwei Jahrzehnten hat die Erforschung der Flüsse auch nach der biologischen Seite hin gewaltige Fortschritte gemacht. Zuletzt hat besonders Ule auf die Bedeutung dieser Arbeiten hingewiesen.[1]) Ganz eigenartige Verhältnisse liegen allem Anscheine nach in biologischer Hinsicht bei den schwarzen Flüssen vor, und es wäre ohne Zweifel eine äusserst verdienstvolle Arbeit, die genannten Gewässer auch nach dieser Seite hin gründlich und allseitig zu erforschen. Schon Humboldt[2]) hat beobachtet, dass sich in den schwarzen Gewässern zwischen dem 5. n. und dem 2⁰ S. B. sehr wenige Krokodile und noch weniger Fische aufhalten, und dass die Moskitos, die sonst in Schwärmen von Millionen in den Tropen die Reisenden belästigen, hier in auffallend geringer Zahl sich finden. Speziell vom Atabapo erzählt Humboldt, dass es im eigentlichen Bette dieses Flusses oberhalb von San Fernando keine Krokodile und keine Seekühe mehr gäbe und dass nur hie und da eine Boa oder einzelne Süsswasserdelphine zu treffen seien.[3]) Auch zahlreiche andere Forscher bestätigen, dass die

[1]) Ule, „Die Gewässerkunde im letzten Jahrzehnt", Geogr. Zeitschrift von Hettner, 3. Heft, Leipzig 1900 S. 168. [2]) Humboldt, „Ansichten der Natur" S. 128. [3]) Humboldt, „Reisen etc." S. 212.

schwarzen Flüsse ungemein arm an Lebewesen sind. „Im Tapajos sind die Fische selten," schreibt Bates,[1]) und vom Jacuhy berichtet Avé-Lallemant,[2]) dass das Wasser desselben arm an Lebenserscheinungen sei. „Kaum einzelne Schildkröten sieht man, die auffallend schlecht untertauchen. Fast nie zeigt sich ein Fisch. Oft freilich scheinen einzelne grössere dicht unter der Oberfläche des Wassers sich zu bewegen, kommt man aber hinzu, so entdeckt man den Irrtum: ein Baumast unter dem Niveau kräuselt die Fläche, eine Untiefe macht einen kleinen Wirbel und mit Mühe nur streift das Dampfschiff dahin über den Steinboden des Flusses. Vom Rio Negro schreibt Ihre Königliche Hoheit Prinzessin Therese von Bayern (S. 82): „Wie alle Schwarzwasserflüsse beherbergt auch der Rio Negro wegen Mangels an Wasserpflanzen und Ufergras verhältnismässig wenig Fische und ist auch von der entsetzlichen Mückenplage befreit, welche den Aufenthalt am Amazonas zu einem so qualvollen macht." Auch der Uruquay ist fast gänzlich bar an grösseren Lebewesen. „Er kam mir wie ein Totenfluss vor", schreibt Avé-Lallemant,[3]) „kein Tierleben am Strande; kein Fisch sprang aus der Tiefe auf, kein Vogel flog über das averner Wasser im Westen von Rio-Grande."

Diese merkwürdigen Erscheinungen bedürfen, wie schon erwähnt, noch der allseitig begründenden Erforschung. Was das Fehlen der Krokodile im Atabapo anbelangt, so scheint diese Thatsache nur auf beschränkte örtliche Verhältnisse zurückzuführen zu sein; denn die übrigen Schwarzwasserflüsse Guayanas und des Amazonenthales zeigen keinen Mangel an solchen Tieren. Nach Spix und Martius lieben diese Wesen das ruhige, warme Wasser der Flüsse und Seen und werden in grossen Mengen in solchen Gewässern gefunden.[4]) Da nun der Atabapo ausnahmsweise unter den dunklen Gewässern eine tiefere Temperatur als sein heller Hauptstrom, der Orinoco hat, was seinen Grund ohne Zweifel im beständigen Laufe des Atabapo durch unermessliche Urwälder haben wird, so darf mit Recht angenommen werden,

---

[1]) Bates, S. 173. [2]) Avé-Lallemant, „Reise durch Südbrasilien", I. Tl. S. 188. [3]) Avé-Lallemant, a. a. O. S. 323 (I. Tl.). [4]) Spix und Martius, S. 1161.

dass die Krokodile einzig und allein das Orinocowasser deshalb lieber aufsuchen, weil es 2°—3° wärmer ist als das Atabapowasser.[1]) Diese Erklärung dürfte ebenso auch auf den Mangel an Seekühen im Atabapo zutreffen, denn auch diese Tiere lieben nach den Aussagen der Forscher Spix und Martius die wärmeren Gewässer mehr als die kühleren. Dass aber ein Temperaturunterschied von 2°—3° in den Tropengegenden von den Organismen schon sehr empfunden wird, ist von allen Reisenden, die diese Gegenden schon besucht haben, bestätigt worden und bedarf keiner näheren Erörterung. Dagegen dürfte das geringe Vorhandensein von Fischen in den Schwarzwassern besondere Beachtung verdienen. „Während wir auf dem Amazonas und Solimoes schifften", schreibt Martius, „fehlte es niemals an Jagd, und mit jedem Wurfe des Netzes zog man 50 bis 100 Fische von verschiedener Grösse heraus. Das Gegenteil findet auf den schwärzlichen Gewässern des Rio Negro statt. Weder der Wald noch das Wasser bieten etwas dar, und man kann Tage lang fischen, ohne einen Fisch zu erbeuten."[2]) Dieser Mangel an Fischen wurde nicht nur bei den dunklen Gewässern Südamerikas konstatiert, sondern er zeigt sich auch sehr bedeutend bei den Schwarzwasserflüssen der bayerischen Oberpfalz. Dass diese Erscheinung im engsten Zusammenhang mit der chemischen Beschaffenheit der Gewässer gebracht werden muss, ist fast allgemeine Anschauung der Gelehrten. Baumann schreibt z. B. über die diesbezüglichen Verhältnisse der oberpfälzischen Flüsse: „In der Region des Gneises, Granits, Glimmerschiefers sind die Quellen und Flüsse ausserordentlich arm an gelösten Mineralsubstanzen, insbesondere sind Boden und Gewässer so arm an Kalk und Magnesia, dass die ganze Tier- und Pflanzenwelt eine eigenartige Ausbildung erfahren musste."[3]) Auch Schwager[4]) und Gümbel[5]) haben für diese Erscheinung die gleiche Erklärung und bestätigen eine auffällige Armut an Tieren und eine eigentümliche, an Arten verhältnismässig sehr arme Flora. Da nun die schwarzen Flüsse Südamerikas in ihrer Entstehungsweise eine auffallende Ähnlichkeit mit den oberpfälzischen Gewässern zeigen, so dürfte auch bei ihnen der Mangel an zahlreichen Fischen durch die grosse Armut an Mineralsalzen, namentlich durch das Fehlen von Kalk und Magnesia, zu erklären sein. Ob auch die Flora der südamerikanischen Schwarzwasserflüsse jene eigentümliche Ausbildung, wie diejenige der Oberpfalzgewässer, zeigt, entgeht unserer Kenntnis, da bis jetzt eingehende Studien darüber nicht vorliegen; aber

---

[1]) Humboldt, „Reise etc." S. 208. [2]) Spix u. Martius, S. 1292 3. Bd. [3]) Baumann, Forstl. und Naturwissenschftl. Zeitschr. 1896 S. 19. [4]) Schwager, Geognostische Jahreshefte 1894. [5]) Gümbel, Geologie von Bayern 1894 2. Bd. S. 419.

wahrscheinlich wird sich auch bei ihnen diese Erscheinung bemerkbar machen.[1])

Und das Fehlen der Moskitos an den Ufern der schwarzen Gewässer Südamerikas? Über diese auffällige Erscheinung, die sämtliche Südamerika-Forscher bestätigen, gibt uns Martius Aufschluss. Nicht wie andere Insekten, wie z. B. der Pium,[2]) folgen die Moskitos dem Zuge der Wärme und des Lichtes, sondern sie erheben sich mit Sonnenuntergang von dem Schlamme der Ufer und den Gesträuchen in der Nähe der Gewässer, und fliegen, bald höher, bald niedriger, je nach dem Zuge der Winde, in zahllosen Schwärmen einher. Martius schreibt: „Es ist bereits von Herrn von Humboldt bemerkt worden, dass diese Schnaken sich nicht in der Nähe solcher Flüsse aufhalten, die, im ganzen angesehen, braunes oder schwärzliches Wasser führen. Auch wir machten die Bemerkung. Wahrscheinlich sind die in dem schwarzen Wasser aufgelösten Extractivstoffe den Eiern und den Larven verderblich, während der Flussschlamm der übrigen Gewässer ihre Entwickelung und Vermehrung begünstigt."

---

[1]) Interessant sind in dieser Beziehung die Beobachtungen Schwagers bei den oberpfälzischen Flüssen. Er fand, dass zwar eine grosse Armut an grösseren Lebewesen in diesen Flüssen bemerkbar sei, dagegen konnte er auffallend viel Diatomeen im Vereine mit braunschwarzen Flocken unbestimmter Art nachweisen. Diese Thatsache schreibt er dem Umstande zu, dass die Urgebirgsgewässer vornehmlich an Kieselsäure reich sind und daher dem Wachstum der Diatomeen-Kieselpanzer mit ihrem gelbbraunen Zellplasma und den stets diese begleitenden braunen Flocken ein hervorragend günstiges Feld zu deren Wachstum bieten. „Manche Quellflüsse", sagt Schwager, „scheinen auf diese Weise wie mit manganhaltigen Eisenausscheidungen erfüllt, was sich bei näherem Zusehen immer als diese Anhäufung von zweifelhaften kleinsten Lebewesen pflanzlicher Natur herausstellt. Dass diese Erscheinung in den grösseren Sammelwässern dem Auge entrückt ist, liesse sich durch die grössere Verteilung dieser Masse erklären, eine Folge der Bewegung des Wassers. Treten im Verlauf ihres Weges für jene Organismen günstige Lebensbedingungen ein, zu denen wir einen gewissen Salzgehalt des Wassers und verminderte Bewegung gewiss rechnen können, so wird leicht eine bedeutende Vermehrung derselben Platz greifen können." — Ähnliche Resultate gewannen auch A. Fric und V. Vávra bei ihren Untersuchungen der Urgebirgswasser des „Schwarzen See" und des „Teufelssee" im Böhmerwald. (Bd. 10 No. 3 der naturwissenschaftlichen Landesdurchforschung von Böhmen. — Siehe auch Globus 1898 pag 152.) [2]) Spix u. Martius S. 1056, 1857, 1058.

Ob das geringe Vorhandensein der Insekten an den schwarzen Gewässern nicht auch mit der Grund ist für die geringe Zahl an Fischen, das dürfte gewiss weiterer Beobachtungen wert sein.

IV. Langsame Vermischung der Schwarzwasserflüsse mit den Weisswasserströmen.

Bei der Vereinigung der Schwarzwasserflüsse mit den Weisswasserströmen kann man durchweg die äusserst interessante Erscheinung beobachten, dass eine Vermischung der verschiedenfarbigen Wasser nur sehr langsam vor sich geht. Das Wasser des Rio Negro ist, wie schon erwähnt, noch mehrere Meilen unterhalb der Mündung des Flusses in den Amazonas sichtbar; nach Chandless' Mitteilungen kann man ferner die schwarzen Wasser des Paranapixuna nach seiner Mündung über 5 km unvermischt mit jenen des Purus dahinströmen sehen,[1]) ja während des Novembers, in welchem Monat der Rio Branco ausnahmsweise mehr Wasser hat als der Rio Negro, kann man noch 30 km unterhalb ihrer Vereinigung die Wasser der beiden Ströme von einander unterscheiden.[2]) Es ist klar, dass die erkennbare Farbe nur das äussere Zeichen ist, das uns sagt, wie weit das getrennte Nebeneinanderfliessen der Ströme im gemeinsamen Hauptbette dauert.

Fragen wir nach den Gründen dieses eigentümlichen Phänomens!

Die Schwarzwasserflüsse sind mit ganz geringen Ausnahmen langsam dahinfliessende Gewässer. Mündet nun so ein träger Strom in einen raschen Weisswasserfluss, so werden nach den Gesetzen der Druckkraft die Wasser des langsamen Flusses umsomehr auf die Seite gedrängt, je grösser das Gefälle und die Wasserfülle des Weisswasserstromes sind; dagegen wird sich die Vermischung desto mehr beschleunigen, je mehr ihre Stromstärke und ihre Geschwindigkeit einander gleichkommen. Nirgends können wir diese Thatsache schöner beobachten als bei der bayerischen Stadt Passau. Ilz und Inn münden hier fast einander gegenüber in die Donau. Während aber der die Ilz an Grösse zehnmal übertreffende reissende Inn schon 200 m unterhalb der Mündung seine Fluten vollständig mit denen der Donau vermischt hat,

---

[1]) Pet. Mittlg. 1867 S. 259. [2]) Reclus, Bd. 19 S. 126.

sind die Wasser der kleinen trägen Ilz nahezu 500 m unterhalb ihres Einflusses in die Donau erkennbar.

Die Schwarzwasserflüsse sind sehr arm an anorganischen Substanzen, ihre Wasser sind also spezifisch leichter als jene der oft mit Minerallösungen geschwängerten helleren Ströme.[1]) Infolgedessen bewegen sich die Wasser der dunklen Flüsse auf der Oberfläche der schwereren Wasser dahin und müssen von oben aus eine Vereinigung mit den letzteren bewerkstelligen. Dass dieses viel längere Zeit in Anspruch nimmt, bedarf keines weiteren Beweises.

Endlich spielen auch die verschiedenen Temperaturen sich vereinigender Flüsse eine sehr bedeutende Rolle bei der Vermischung verschiedenfarbiger Wasser. Bei meinen zahlreichen Untersuchungen habe ich stets beobachtet, dass sich das wärmere dunkle Wasser auf dem kälteren helleren Wasser ausbreitet.[2]) Es sei mir auch gestattet,

---

[1]) Nach **Spix** und **Martius** beträgt z. B. das spez. Gewicht des:
a) Rio Negrowassers bei der Barra (schwarz) bei 15° R. = 1,0568.
b) Tapajozwassers bei Santarem „ „ „ „ = 1,0511.
c) Madeirawassers oberh. d. Mündung (weiss) „ „ „ = 1,0645.
d) Yapurawassers „ „ „ „ „ „ „ = 1,0607.

[2]) Die zahlreichen Messungen an den Mündungen der Ilz, des Regen, der Wörnitz und mehrerer kleiner Moorflüsse Oberbayerns ergaben fast durchaus die Thatsache, dass die dunklen Wasser immer 1—2°, oft sogar 2—3° wärmer waren als die der naheliegenden Hellwasserflüsse. Es hängt dies wohl einerseits mit dem langsameren Lauf der schwarzen Flüsse, andererseits mit der Thatsache zusammen, dass die dunkleren Farben die Sonnenstrahlen mehr aufsaugen, als die helleren. Interessant sind besonders die Ergebnisse meiner Beobachtungen an der Mündung der Ilz und des Inns in die Donau. Sie sollen hier eine Stelle finden:

	1. Beobachtung 24. Juli 1901, mittags 2 h.:	2. Beobachtung 2. September, mittags 2 h.:
a) Ilz: 30 m oberh. d. Mündg.	19°C	16°C.
an der Mündung	19° „	16° „
50 m unterh. d. Mündg.	17° „	14° „
80 „ „ „ „	16° „	13° „
b) Donauwasser bei der Mündung der Ilz	16° „	13° „
c) Inn: 30 m oberh. d. Münd.g	17° „	12° „
an der Mündung	17° „	12° „
80 m unterh. d. Mündg.	16° „	12° „
150 m „ „ „	16° „	12° „

Ohne Zweifel ist nach meinen Beobachtungen die geringere Beweglichkeit der Schwarzwasserflüsse der Hauptfaktor, der eine höhere

das Ergebnis einer Untersuchung Sven Hedin anzuführen, die der berühmte Forscher in Asien am Zusammenflusse der den Sir Darya bildenden Quellflüsse Narin und Kara Darya machte. Er schreibt darüber: „Die Verteilung der Temperaturen und Farben des Wassers gibt zu einigen ganz interessanten Schlussfolgerungen Veranlassung. Am rechten Ufer zeigte das Thermometer +1,1° C.; 60 m davon +1,5°; 60 m vom linken Ufer +2,1° und dichter am linken Ufer +2,3°. Hier „rauchte" der Fluss (um 11 Uhr vormittags bei —9,7° Lufttemperatur); dichte, aber durchsichtige Wolken von Wasserdampf stiegen in die Luft empor. Der Führer des Prahms teilte mir mit, dass dieser Nebel früh morgens so dicht gewesen war, dass der Prahm, sobald er den Stand verlassen hatte, ausser Sicht kam und ein grosses Feuer auf dem gegenüberliegenden Ufer, das als „Leuchtturm" diente, gar nicht zu sehen war. Dieses Phänomen sei bei dieser Jahreszeit sehr gewöhnlich. Am rechten Ufer rauchte der Fluss jetzt gar nicht. Hier hatte aber ein Wasserstreifen von ungefähr 15 m Breite dieselbe klare, hellgrüne Farbe wie das Wasser des Narim; dann wurde die Farbe mit einem Mal grau bis zum linken Ufer, genau so wie im Kara Darya (schwarzer Fluss). Dies zeigt, dass die Wassermassen der beiden Flüsse noch sechs Werft unterhalb deren Vereinigung sich nicht gemengt haben, oder vielmehr, dass das warme Wasser des Kara Darya sich auf dem kalten Wasser des Narim ausbreitet, das nur am rechten Ufer in einem schmalen Wasserfaden noch zu Tage tritt. Dass dieses helle Narim-Wasser sich

---

Temperatur gegenüber den raschfliessenden Hellwasserströmen bewirkt. Eine Wärmeschichtung, wie sie bei langsamströmenden Gewässern eintreten kann, ist bei schnellfliessenden Flüssen ganz ausgeschlossen; die Erwärmung durch die Sonne verteilt sich daher bei den rasch fliessenden Flüssen auf eine grössere Wassermenge und macht sich daher überall geringer bemerkbar; bei langsam fliessenden Wassern aber bleibt sie mehr auf die Oberflächenschichten konzentriert, wozu, wie schon erwähnt, auch noch die die Sonnenstrahlen begierig aufsaugende dunkle Färbung jener Flüsse kräftig mitwirkt.

Dass mit dieser Temperaturerhöhung eine Verminderung des spezifischen Gewichtes der betr. dunklen Gewässer Hand in Hand geht, mithin dieselben bei steigender Temperatur sich ausdehnen und dadurch leichter werden, ist klar. Dieser Umstand, mit Berücksichtigung der bereits oben erwähnten grossen Armut dieser Gewässer an anorganischen Substanzen, befördert in höherem Grade noch ein Fortbewegen der dunklen Wasser auf der Oberfläche der schwereren Hellwasserflüsse, bis eine allmähliche Vermischung von oben aus sich vollzieht, selbstverständlich zu Gunsten des wasserreichsten Stromes.

aber auf so kurze Strecke um einen ganzen Grad hat erwärmen können, ist eigentümlich, beruht jedoch auf der innigen Berührung mit dem wärmeren Kara-Darya-Wasser."[1])

Interessant ist es, dass auch die beiden Schomburgk eine ähnliche Beobachtung beim Essequibo und Rupununi machten, die als weiterer Beweis, dass die verschiedenen Temperaturen der sich vereinigenden Flüsse eine wichtige Rolle bei der Vermischung verschiedenfarbiger Wasser spielen, hier erwähnt werden soll. Richard Schomburgk schreibt: „Am nächsten Morgen erreichten wir nach beinahe vierwöchentlichem Kampf mit dem Strom und den Stromschnellen unter 3° 59′ 45″ n. B. die Mündung des Rupununi, eines der Hauptnebenflüsse des Essequibo, der diesem von S.-W. her zuströmt. Da das Wasser des Essequibo hier eine schwärzliche, das des Rupununi aber eine trübgelbe Färbung hat, so konnte man letzteren Strom noch weit in den Essequibo hinein verfolgen, bevor beide Flüsse ganz miteinander vereint dem Ocean zurollten. Merkwürdig war es, dass die Temperatur des schwärzlichen Wassers des Essequibo 2° höher war als die des gelblichen Rupununi."[2])

Robert Schomburgk schreibt darüber[3]) (die Beobachtungen wurden 6 Jahre früher gemacht): „Sowohl hier (am Einflusse des Rupununi in den Essequibo), als am Cuyuni untersuchte ich den Unterschied in der Temperatur des schwarzen und weissen Wassers und erhielt folgende Resultate:

I) 25. Sept.: Temp. der Luft um 7 Uhr vorm. 79^0 F. = 26^0 C.
„ „ „ des Mazaruni um 7 Uhr vorm. (schwarz) 84^0 „ = 29^0 „
„ „ „ „ Cuyuni „ „ „ „ (weiss) 83^0 „ = $28\frac{1}{3}^0$ „

II) 22. Oktober. Temperatur um 6 Uhr vormittags:

Luft	Essequibo (schwarz)	Rupununi (weiss)
75^0 F. = 24^0 C.	82^0 F. = $27\frac{7}{9}$ C.	$80{,}5^0$ F. = $26{,}5^0$ C.

III) 22. Oktober. Temperatur um 6 Uhr abends:

Luft	Essequibo (schwarz)	Rupununi (weiss)
80^0 F. = $26\frac{2}{3}^0$ C.	83^0 F. = $28\frac{1}{3}^0$ C.	81^0 F. = $27\frac{2}{9}^0$ C.

Die Linie der Wasserscheide war ganz deutlich und das Thermometer wurde 30 Yards (= 55 m) davon entfernt eingesetzt." Auch vom

[1]) Sven Hedin: „Beobachtungen über die Wassermenge des Sir Darya im Winter 1893—1894. Verhandlg. d. Ges. f. Erdk. zu Berlin Bd. 21 No. 2 und 3 S. 161. [2]) Schomburgk, Richard, „Reisen in Britisch Guiana", Leipzig 1847, I. Tl. S. 341 u. 342. [3]) Schomburgk, Robert, „Reisen in Guiana und am Orinoco" 1835—1839, Leipzig 1841 S. 67 und 68

Rio Negro schreibt Martius, dass sein Wasser wärmer ist als die „kühleren“ Fluten des Solimoês,[1]) und die Wasser des Rio Branco fand er an der Mündung mit einer Temperatur von 26½° C., diejenigen des Rio Negro dagegen mit einer solchen von 27° C.[2])

E. Analogien.

Wie wir im Laufe unserer Abhandlung gesehen haben, sind die Schwarzwasserflüsse auf der grossen „Brasilianischen Masse“ eine fast allgemeine Erscheinung. Ihr Vorkommen ist jedoch nicht allein auf dieses Gebiet beschränkt, diese Gewässer kommen auch, – wenn auch vereinzelt – in anderen Teilen des südamerikanischen Kontinentes vor. Fragen wir nun: treffen wir auch ähnliche Erscheinungen in den übrigen Erdteilen an? Schon Humboldt erwähnt aus den alten Erdbeschreibungen die schwarzen Bäder von Astyra und Lesbos und macht ferner aufmerksam auf die braunen, ja fast schwärzlichen Seen von Savoyen, die er mit eigenen Augen gesehen.[3]) Der damalige Stand der Geographie ermöglichte es ihm nicht, auch andere Gebiete zum Vergleiche anzuführen, wo dieses Phänomen besonders ausgeprägt und ausgedehnt erscheint. Unsere heutigen geographischen Kenntnisse, obwohl ebenfalls, namentlich in Bezug auf die Erforschung der Flüsse, noch auf sehr schwacher Basis ruhend, ermöglichen es jedoch, einen grösseren Ausbreitungsbezirk für diese merkwürdige Erscheinung anzugeben. So finden wir die Schwarzwasserflüsse z. B. unter dem nämlichen Tropenhimmel, unter den nämlichen Begleiterscheinungen und in fast gleichgrosser Ausdehnung im benachbarten

Afrika.

Eine ganze Anzahl von Kongotributären hat z. B. nach den Aussagen zahlreicher Afrikaforscher die nämliche klare

---

[1]) Martius, S. 1292. [2]) Ebenda S. 1295. [3]) Humboldt, Bd. III S. 193.

schwarze Farbe wie die Flüsse Brasiliens und Guayanas. Lassen wir einzelne Forscher und Gelehrte selbst sprechen:

In Sievers „Afrika“ [1]) heisst es: „Von Norden erhält der Congo den Nkuku oder „Schwarzen Fluss“, dessen Wasser wie das aller aus dem Waldgebiete kommender fast schwarz ist, den Itimbiri oder Rubi, den 550 m breiten Magala und mehrere kleinere Tributäre. Von links ist zwischen dem Lubilasch-Lomani und 1° n. Br. kein einziger nennenswerter Nebenfluss zu bemerken, denn die südlich des Kongobogens fliessenden Flüsse machen denselben Bogen wie der Kongo selbst in abgeschwächtem Maasse nach. Zu diesen gehören der Lulongo und der Buruki oder Tschuapa, von denen der erste aus zwei Flüssen zusammenfliesst, dem Maringa im Süden und dem Lopori im Norden, beide müssen zwischen 0° und 1° n. B. im Süden des Kongobogens entspringen. Der Maringo ist von Grenfell und François [2]) im September 1885 bis 22° östl. L. verfolgt worden, der Tschuapa von demselben Reisenden im Oktober 1885. Sein linker Nebenfluss ist der Bussera. Da auch diese Flüsse das grosse Waldgebiet durchfliessen, haben sie ebenfalls schwarzes Wasser.“

Auch der Lukenje, den Kund und Tappenbeck befahren haben, zeigt jene klare, schwarze Farbe. Kund schreibt: [3]) „Schweigend wälzt der Fluss seine schwarzen Fluten im Sonnenglanze zwischen dem hohen Urwalde dahin.“ Tappenbeck sagt, dass unterhalb der Mündung des Lukenje oder Mfini, wo sich die gesamte Wassermasse des südlichen Kongobeckens zwischen 2° s. Br. und der Wasserscheide in eine einzige starke Wasserader zusammendränge, im gelben Grundtone derselben das schwarze Wasser des Lukenje-Mfini noch lange Zeit sichtbar wäre. [4]) „Sämtliche Gewässer überall im Lande zwischen Koango und Lukenje“, sagt ferner Kund, [5]) „sind in der Farbe sehr verschieden, vom schwarz, wie es den ersten moorigen Zuflüssen der Donau etwa eigen, durch lichtbraun bis zur klarsten Farbe wie unsere Gebirgsbäche abgestuft.“ — Vom Luapula schreibt Paul Reichard: [6]) „Freudig begrüssten wir den Strom, dessen paradisische Landschaft jeder Beschreibung spottet. Hunderte von Inseln ragen aus dem dunkeln, klaren Wasser des mit hehrem Rauschen dahingleitenden Stromes hervor etc. . .“ Auch der Leopold II-See, [7]) der

---

[1]) Sievers: „Afrika“ 1891 S. 95; — Sievers: Afrika 1901 S. 364. [2]) Vergl. Verh. der Ges. f. Erdk. z. Brl. Bd. 13, 1886 S. 161. [3]) Verhandlg. d. Ges. f. Erdk. z. Brl. Bd. 13 S. 331. [4]) Verhdlg d. Ges. f. E. z. Berl. Bd. 13 S 491. [5]) Verhdlg. d. Ges f. Erdk. z. Brl. Bd. 13 S. 319. [6]) Verhdlg. d. Ges. f. Erdk. z. Brl. 1886. [7]) Sievers: Afrika 1901 S. 364.

Kagera-Nil,[1]) ja sogar der „weisse Nil“ haben klare, schwarze Fluten. Von letzterem berichtet Schweinfurt:[2]) „Der Sobat stösst in flachen, soweit das Auge reicht von endlosen Steppen umgebenen Ufern zum Nil und hat an der Mündungsstelle etwa die halbe Breite des Hauptstromes. Die den Bergstrom kennzeichnenden, durch schwach milchige Trübung gefärbten Wasser stechen noch auf eine weite Strecke von den tiefschwarz erscheinenden Fluten des „Weissen Nils“ ab, dennoch wird das Sobatwasser dem letzteren weit vorgezogen, welches zwar durchscheinend klar, nachdem es durch eine Filter von Gras gelaufen, aber dem Gaumen wegen seines faden, sumpfigen Nachgeschmacks durchaus nicht angenehm erscheint. Der Einfluss der beiden Gewässer lässt sich bis Faschoda hinab verfolgen etc. . .“

Gehen wir nach

Nord-Amerika,

so finden wir, abgesehen vom grossen Quellfluss des Mackenzie, dem grossen „Black-River“, namentlich im Mississippi-System die sogenannten „blackwaters“ auffallend ausgeprägt. Manche Ströme davon, wie der „Black-River“, der durch seine Fälle weltbekannt ist und unter ungefähr 92° 30′ w. L. und 44° n. B. in den Mississippi mündet, ferner Ströme wie der „Black-River“, der in den White River, und der „Black River“, der in den Washita sich ergiesst, haben meist die ansehnliche Grösse von einem ziemlich grossen Hauptstrome Deutschlands. Ob nun diese genannten „blackwaters“ der grossen Apalachischen-Ebene aber auch „sämtlich“ die klare, schwarze Färbung zeigen, wie ihre südamerikanischen Kollegen, ist nicht festzustellen, da sich trotz allen Suchens in der Literatur hierüber keine Angaben finden.

Dagegen ist von den Flüssen der Nordamerikanischen Südstaaten, die ihren Ursprung auf den Alleghanys haben, bekannt, dass sie namentlich in ihrem Unterlaufe jene Farbenerscheinung zeigen, wie der Rio Negro Brasiliens oder wie der Atabapo Venezuelas. Deckert schreibt darüber in seiner grossen Abhandlung: „Land und Leute in den Nordamerikanischen Südstaaten“:[3]) „In ihrem Oberlaufe sind die

---

[1]) Baumann, Oskar: „Reise durch Deutsch-Massailand und zur Quelle des Kagera Nil“; Verh. d. Ges. f. Erdk. z. Brl. [2]) Schweinfurth: „Im Herzen von Afrika.“ Leipzig 1878 pag. 17. [3]) Deckert: „Land u. Leute in den ‚nordam. Südstaaten‘.“ Zeitschr. der Ges. für Erdk. z. Berlin 1887.

Ströme der Südstaaten fast allenthalben rasch und reissend, und infolge ihres ausserordentlichen Reichtums an Sinkstoffen stellen sie daselbst fast ohne Ausnahme trübe Schmutzfluten dar, die je nach ihrem Gehalt an Eisenoxyden bald gelblich weiss, bald gelb-rot gefärbt sind. In ihrem Unterlaufe dagegen fliessen sie langsam und ruhig dahin, und vielfach könnte man fast von einem Schleichen oder Stagnieren bei ihnen reden, ihr Wasser aber erscheint durch die reducierende Wirkung der darin modernden Pflanzenstoffe schwärzlich gefärbt und bis auf den Grund hinab durchsichtig."

Asien.

Auch Asien hat seine Schwarzwasserflüsse mit klarem, dunklem Wasser. Die sämtlichen Urgebirgswasser um den Baikalsee scheinen schwarze Fluten zu haben. Der „Baikal-See" selbst zeigt jene schwärzliche Färbung;[1]) ferner wissen wir auch vom „schwarzen Irkut"[2]) und vom Amur,[3]) dass ihnen die Bezeichnung „Schwarzwasser" vollständig gebührt. Von letzterem Fluss schreibt z. B. Perry: „Nach der Vereinigung der beiden Quellflüsse hat das Wasser des Amur, vom Ufer aus gesehen, eine schwärzliche Farbe, in einem Glase betrachtet zeigt es eine helle Schattierung von Theefarbe. Die Tartaren nennen deshalb den Fluss Sachalin oder Karamuran, d. i. Schwarzfluss."[4]) Aus Maximowicz's Reise entnehme ich:[5]) „Weiter unten im Tiefland wird das Wasser des Amur sehr trübe. Der Dsungari trägt die Schuld daran; dieser ist so trübe und trägt einen so grossen lehmigen Niederschlag mit sich, dass das Amur-wasser ebenfalls getrübt und braun erscheint." In seinem Unterlaufe scheint der Amur also kein klarer Schwarzwasserfluss mehr zu sein.

Europa.

In Europa scheinen die Schwarzwasserflüsse ebenfalls den alten Gebirgsarten eigen zu sein. In Süd- und Nord-Irland, in Schottland und in Schweden treten diese Gewässer

---

[1]) Pet. Mittlg. 1860 S. 262. [2]) Pet. Mittlg. 1857 S. 144. [3]) Pet. Mittlg. 1861 S. 262. [4]) Pet. Mittlg. 1859. S. 24. [5]) Pet. Mittlg. 1862 S. 168.

nämlich in grosser Anzahl auf. Die sogenannten „blackwaters“ Irlands vergleicht schon Reclus[1]) mit den „schwarzen Flüssen Südamerikas“, und von den Gewässern „Schottlands“ berichtet uns Ruith, dass sie ebenfalls schwarz sein: „Schwarz sind die Berge gefärbt, schwarz die Gewässer.“[2])

Von den Seen von Vester- und Norbotten in Skandinavien sagt ferner Hoppe:[3]) „Die Seen, die hier aufeinander folgen, sind echte Lappmarksseen, d. h. düstere, von Granitbergen umgebene, tiefe, dunkle Gewässer.“ Vom „Vindalelf“ bemerkt derselbe Autor: „Der Vindalelf, ein grosser Nebenfluss des Umeelf, ist sehr reissend und sein Wasser ist dunkler, so dass man auch nach ihrer Vereinigung das ‚schwarze‘ Wasser des Vindalelf von dem helleren des Umeelf unterscheiden kann.“ Wie im „Kaledonischen Gebirge“ von Suess, so sind die schwarzen Gewässer nun auch im variscischen Gebirgszuge zu finden. Schon aus den alten Quellen lesen wir: „nach dem Rhein geend in das gross deutsch Meer Vidrus, ein schwartzwasser in hessen entspringende aus den Bergen Chattorum“[4]) oder „vidrus hodie unda nigra in chattorum montibus oriens.“[5]) (Kiepert denkt bei Vidrus an die Vechte, doch dürfte dieser Fluss nicht gemeint sein.) Namentlich im Schwarzwald haben die kleinen Flüsse und Bäche, wie ich selbst beobachtet, klare und schwärzliche Wellen, und auch die Bezeichnung „dunkler“ Mummelsee ist keine leere dichterische Phrase. Am auffälligsten schwarz sind jedoch die Ströme der alten „böhmischen Masse“. Schon „Hans Sachs“ schreibt in seinem Gedicht: „die hundert vnd zehen wasserflues des deutschen landes:“

„Die Ylcz fur Pasaw trub vnd schwarcz.“[6]).

Schwager sagt davon: „In scharfem Gegensatz stehen zu den südlichen Zuflüssen und der Donau selbst, welche meistens bald eine bläulich grüne, bald wieder eine grünliche Färbung aufweist, die nördlichen Flüsse des Urgebirges. Diese zeigen meist die braune Farbe, die bei einigen bis zum tiefen Schwarz übergeht. Auch die Flüsse des

[1]) Reclus, Bd. 19 S. 128. [2]) Ruith: „Land- u. Seefahrten in Schottland.“ Jahresbericht der Geogr. Ges. in München 1872 S. 118. [3]) Hoppe Otto: „Schweden in Wort u. Bild. Breslau 1891 S. 40. [4]) Seb. Frank: Weltbuch „ein kurtze aussoerterung der geschwell, Grentz, berg, waeld, flüss, voelcker uund statt Germanie etc., Jahresbericht d. Geogr. Ges. z. München, 14. Hft. 1896 S. 36. [5]) Wilib. Pirckheimer, „Germania“, Jahresber. d. Geogr. Gesellsch. zu München, 1896 S. 36. [6]) Jahresber. d. Geogr. Ges. z. München, 14. Hft. 1896 S. 28.

Fichtelgebirges stellen sich in dieser Beziehung zur Seite. Nach der Farbenabstufung ergibt sich folgende Reihe: Naab, Regen, Erlau, Saale, Ilz und als das dunkelste jenes des Rachelsees.“ [1])

F. Farbe.

a) Urteile über die Färbung der Schwarzwasserflüsse von Seite mehrerer Forscher.

Über die Ursache der schwarzen Färbung unserer betrachteten Flüsse haben sich schon die verschiedensten Forscher geäussert. Lassen wir hier zunächst die Meinungen derselben folgen:

1. Eine etwas nähere Betrachtung schenkte schon Franzisco Xavier Ribeiro de S. Payo (1743) dem Rio Negro-Wasser. „Obgleich die wahre Farbe des Wassers“, schreibt er, „wenn man es in ein Glas thut, weingelb ist, so erscheint es doch bei der grossen Tiefe des Flusses wie schwarze Tinte. Ob nun diese Farbe durch aufgelöste mineralische oder vegetabilische Substanzen entstehe, dies lasse man dahingestellt sein.“ [2])

2. Humboldt (1800) schreibt: [3]) „Das Wasser des Lagartero sah bei durchgehendem Lichte goldgelb, bei reflektiertem kaffeebraun aus. Die Farbe rührt ohne Zweifel von gekohltem Wasserstoff her. Man sieht etwas Ähnliches am Düngerwasser, das unsere Gärtner bereiten, und am Wasser, das aus Torfgruben abfliesst. Lässt sich demnach nicht annehmen, dass auch die schwarzen Flüsse, der Atabapo, der Zama, der Mataveni, der Guainia, von einer Kohlen- und Wasserstoffverbindung, von einem Pflanzenextraktivstoff gefärbt werden? Der starke Regen unter dem Äquator trägt ohne Zweifel zur Färbung bei, indem das Wasser durch einen dichten Grasfilz sickert. Ich gebe diesen Gedanken nur als Vermutung. Die färbende Substanz scheint in sehr geringer Menge im Wasser enthalten; denn wenn man das Wasser aus dem Guainia oder Rio Negro sieden lässt, sah ich es nicht braun werden wie andere Flüssigkeiten, welche viel Kohlenwasserstoff enthalten.“ . . . . „Die meisten der gleichen Farbenerscheinungen kommen bei Gewässern vor, welche für die reinsten gelten, und man wird sich vielmehr an auf Analogien gegründete Schlüsse als an die

---

[1]) Schwager, Hydrochem. Untersuchg. im Bereiche des unteren Donaugebietes. Geognostische Jahreshefte VI S. 67 ff. [2]) Eschwege: Brasilien, die „Neue Welt.“ II. Tl. S. 143. [3]) Humboldt, III. Bd. S. 195.

unmittelbare Analyse halten müssen, um über diesen noch sehr dunklen Punkt einiges Licht zu verbreiten.“ (Humboldt Bd. III S. 193.)

3. Martius (1817) sagt:[1]) „Dass die Entstehung der dunklen Gewässer durch ganz örtliche Verhältnisse bedingt sei, wird vorzüglich durch die Verschiedenheit der Färbung mehrerer Wasseranhäufungen im Umkreise weniger Stunden dargethan. Überall konnte ich die Bemerkung machen, dass die schwarzen Wasser das Licht stärker zerstreuten, als die weissen, was der Meinung Raum geben möchte, dass sie irgend einen brennbaren Stoff (Bitumen, Torf oder andere vegetabilische Extractivstoffe?) aufgelöst enthalten.“

4. Nach Bates (1847)[2]) rührt die olivenbraune Farbe des Rio Negro daher, dass die Wasser dieses Flusses während der jährlichen Überschwemmungen mit grünem Laube gesättigt werden.

5. Wallace (1848)[3]) schreibt die dunkle Färbung der Schwarzwasser vegetabilischen Substanzen zu. Er sagt: „Die Thatsache, dass die reinsten Schwarzwasserflüsse durch Distrikte mit dichtem Wald fliessen und Granit-Betten haben, scheint zu zeigen, dass es die Filtration des Wassers durch zerfallende vegetabilische Substanz ist, die ihm seine besondere Farbe gibt. Fliesst ein Fluss aber durch Distrikte, in denen er hellgefärbtes Sediment aufnehmen kann, so wird er ein ‚Weisswasserfluss‘.“

6. Keller-Leuzinger (1874) berichtet:[4]) „Obgleich das Rio-Negrowasser an und für sich von kristallheller Durchsichtigkeit, scheint es, an Stellen grösserer Tiefe gesehen, ganz dunkelbraun, beinahe schwarz. Es teilt übrigens diese Farbe, welche von verfaulten Pflanzenstoffen, hauptsächlich von einer Art schwimmenden Grases, welches in den Lagos (Seen) zu beiden Seiten des Flusses in unglaublicher Menge wächst, mit vielen anderen Flüssen des Landes.“

7. Chandless (1862) sagt:[5]) „Warum die eine Art der Flüsse klares, dunkles Wasser und die andern trübes Wasser zeigen, ist eine Frage, die nicht leicht anders als hypothetisch zu beantworten ist; gerade wie beim Photographieren: wir wissen, was den Niederschlag verursachen wird, aber (gewöhnlich) nicht, was ihn verursacht hat .... Dass die dunkle Färbung des Wassers vegetabilischen Substanzen zuzuschreiben ist, ist sehr wahrscheinlich; aber diese Annahme ist oft mit einer anderen zweifelhafteren verbunden worden, nämlich der, dass die Flüsse mit dunklem Wasser von Seen kommen. Dass die Seen

---

[1]) Spix u. Martius, III. Bd. S. 1351 [2]) Bates, S. 185. [3]) Siehe Schichtel S. 70. [4]) Keller-Leuzinger S. 25. [5]) Chandless, Journ. R. G. S. 1870 S. 421 u. 423.

des Amazonenthals fast allgemein dunkles Wasser haben, ist wahr; aber das scheint daher zu kommen, dass die Ströme, welche sie speisen, dunkel sind, nicht daher, dass das Wasser dort dunkler wird, obgleich es natürlich frei von Satz werden würde."

8. Ehrenreich (1889) schreibt:[1]) „Die eigentliche Ursache (der Schwarzwasserflüsse Süd-Amerikas) ist noch ziemlich dunkel. Nur so viel steht fest, dass das Wasser dieser Flüsse fast gar keine anorganische, aber sehr viel organische Substanz (Huminsäure) enthält."

9. Sievers (1891)[2]) vergleicht die schwarzen Ströme Süd-Amerikas mit den schwarzen Flüssen Afrikas: „Viele der schwarz gefärbten Gewässer kommen aus den offenen Savannen, nicht aus dem Urwald, und entstehen wahrscheinlich im moorigen, eisenhaltigem Boden, so dass die Analogie mit den äquatorialen schwarzen Zuflüssen des Congo unleugbar ist."

10. Eingehender bespricht Schichtel (1891)[3]) dieses eigenartige Phänomen. Er sagt: „Dass die schwarze Farbe nicht vom Granit-Untergrund abhängt, zeigt die Angabe bei Chandles, nach der eine ganze Reihe von kleinen Zuflüssen des Purus im lockeren Alluvialland schwarzes Wasser führen. Dasselbe wird sich überall da finden, wo die Quellwasser des Flusses durch die Humusdecke des Urwaldbodens durchsickern und entweder über harten Fels fliessen oder nicht Arbeitskraft genug besitzen, um ihren weichen Untergrund zu erodieren. Die Richtigkeit der von Wallace gegebenen Erklärung für die Farbe der „Schwarzwasserflüsse" bestätigt das mir von Herrn Pfaff gütigst zur Verfügung gestellte Resultat seiner in Manaos angestellten Analysen. Er fand in 100 000 Teilen Wasser des Rio Negro den enormen Betrag von 30 Teilen organischer Substanz (pro 30 Liter mg). Bereits Martius (p. 1351) hatte von dem von ihm beobachteten stärkeren Dispersions-Vermögen der Schwarzwasserflüsse für das Licht auf ihren Gehalt an brennbaren Stoffen geschlossen. Dieses physikalische Verhalten deutet auf gelöste organische Bestandteile hin; der grössere Teil derselben scheint indes nach den Angaben des Herrn Pfaff suspendiert zu sein; auch nach der Filtration waren unter dem Mikroskop noch pflanzliche Elemente zu erkennen."

Schichtel stellt auch eine vergleichende Betrachtung zwischen den gelösten Bestandteilen des Amazonas- und Rio Negro-Wassers auf Grund von Analysen von Mellard-Reade und Pfaff an.[4]) Diese Analysen ergaben:

---

[1]) Verhdlg. d. Ges. f. Erdk. z. Brl. 1890 S. 160 u. 161. [2]) Sievers, „Amerika" S. 77. [3]) Schichtel S. 70 u. 71. [4]) Schichtel S. 96.

100 000 Gewichtsteile Wasser enthalten gelöste Bestandteile:

Amazonas: (nach Reade von einer zu Santarem in der Mitte des Amazonas im Juni 1878 entnommenen Probe).		Rio Negro: (nach Pfaff von einer aus dem Rio Negro bei Manaos entnommenen Probe).	
SiO_2	0,98	SiO_2	0,67
$Al(OH)_3 + Fe(OH)_3$	0,38	$Al(OH)_3 + Fe(OH)_3$	0,34
$CaCO_3$	2,75	CaO	0,06
$MgCO_3$	0,22	SO_3	0,04
KCl	0,23	K+Na (als Cloride)	0,29
NaCl	0,15	CO_2	0,04
Na_2SO_4	0,13	Org. Bestandtt.	28,90
Organische Bestandtt. (exkl. der ungelösten B.)	0,71	inkl. d. ungel. Bes.	
	Sa. 5,92		

Die Analyse des Rio Negro-Wassers zeigt hier augenscheinlich neben dem enormen Gehalt an organischen Bestandteilen eine verschwindend kleine Menge von Ca, was den Gedanken erzeugen muss, dass hier analytisch das Granitgebiet des Rio Negro zum Ausdrucke kommt.

11. Ebenfalls auf chemischem Wege suchten Müntz und Marcano (1888)[1]) die Ursache der schwarzen Färbung dieser Flüsse zu finden. Sie schreiben: „Die Ursache der Farbe dieser Wasser ist unaufgeklärt. Der eine von uns, Herr Marcano, ist in der Lage gewesen, die schwarzen Flüsse zu beobachten und in einer ausführlichen Beschreibung des oberen Orinoco, die peinliche Genauigkeit der von Alex. v. Humboldt angeführten Thatsachen zu konstatieren. Wir haben in der chemischen Zusammensetzung die Erklärung für diese Eigenart gesucht.

„Die Regionen, in welchen man diese Wasser antrifft, ist die Granitformation, bedeckt mit üppiger tropischer Vegetation. Das untersuchte Muster ist im Laboratorium angekommen, 2 Monate nachdem es dem Flusse entnommen: es hatte seine Farbe bewahrt, einen frischen und angenehmen Geschmack und eine vollkommene Klarheit.

„Die Analyse dieses Wassers hat ergeben, dass es per Liter 0,028 gr organische Substanz enthält, die beinahe ganz aus jenen braunen, noch schlecht definierten Säuren besteht, wie sie sich in Torfmooren bilden. Dieses Wasser reagiert sauer, die Reaktion verstärkt sich mit zunehmender Konzentration, bis sie dem Geschmacke sehr fühlbar wird.

[1]) Comptes Rendus Hebdomadaires des Séances de l'Academie des Sciences, Paris 1888 S. 908 Bd. 107.

Man findet darin wenig Kalk (weniger als 0,001 gr per Liter); die Humussubstanz befindet sich also in ungebundenem Zustande. Nitrate fehlen ganz. Andere mineralische Substanzen sind spärlich vorhanden; ihre Summe überschreitet nicht 0,016 gr per Liter; sie bestehen aus Kieselsäure, Eisen- und Manganoxyden, Aluminium und Kali mit Spuren von Ammoniak.

„Die Herkunft dieser Gewässer und ihre Zusammensetzung ermöglichen uns, eine Erklärung ihrer Farbe und ihrer Eigenschaften zu geben. Diese Wasser haben sich durch die Lösung der freien Humus-Säuren gefärbt, welche sich durch die Zersetzung vegetabilischer Substanzen auf Granitboden, niemals auf Kalkboden gebildet haben. Sie gleichen in dieser Hinsicht den Wassern, welche aus Torfmooren ablaufen. Sie behalten ihre Farbe dauernd, weil bei Abwesenheit von Kalk und trotz des Luftzutritts der Nitrifikationsprozess und daher die Verbrennung der organischen Substanzen nicht vor sich gehen kann, wie dies das vollständige Fehlen der Nitrate beweist."

12. Herr Dr. Katzer, lange Zeit als Geologe in Brasilien thätig, hatte die grosse Liebenswürdigkeit, dem Autor zu schreiben: „Der Typus der Schwarzwasserflüsse Südamerikas ist der Rio Negro im Staate Amazonas. Sein Wasser ist auch im Glase bräunlich und unklar und behält einen bräunlichen Stich auch nach wiederholter Filtrierung, durch welche alles Suspendierte entfernt wird. Die Analyse lehrt, dass die Färbung wesentlich auf gelöste organische Substanzen zurückzuführen ist.

„Der in Südamerika, besonders im Amazonasgebiet allgemeine Sprachgebrauch bezeichnet jedoch als Schwarzwasserflüsse noch jene, deren Wasser im auffallenden Lichte dunkelgrün erscheint, wenngleich es viel klarer ist, als die sog. „weissen Flüsse."

So die wichtigsten Ansichten einer Reihe von Gelehrten, die dem Problem näher getreten sind. Eine neue, eingehende Bearbeitung der Frage wird durch die bisher aufgestellten Hypothesen immer noch nicht überflüssig gemacht.

b) Versuch zur Lösung des Problems.

Die Frage nach den Ursachen der wechselreichen, das Auge so sehr bestechenden Farbenerscheinungen des Wassers ist so alt wie die Naturbetrachtung überhaupt. Freilich eine Theorie der Farben, wie sie die moderne Physik ausgebildet hat, darf bei den Alten niemand erwarten; ihr Standpunkt in dieser Sache war von vornherein ein von dem heutigen durchaus verschiedener. Schon von den Anfängen im Mythus bis zur Farbenlehre des Aristoteles zieht sich der Dualismus von Licht und Finsternis fort, deren Gegensatz sich in den zwei Hauptfarben „Weiss“ und „Schwarz“ kennzeichnet. Aristoteles[1]) bringt die Farben in direkte Verbindung mit den vier Elementen, indem nach seiner Auffassung dem Prinzipe des Lichts: Feuer und Luft, dem dunklen Chaotischen: Wasser und Erde entspreche. Das Wasser entbehre des Warmen, weil es aus dem Nassen und Kalten bestehe, und müsse deshalb auch notwendig die dunkle Farbe besitzen. Zahlreiche Übergangsstufen, die durch Mischung erzeugt würden, vermitteln jedoch die äussersten Gegensätze, wodurch dann die Entstehung der übrigen Farben bedingt sei, und zwar in der Weise, dass vom Weissen gegen das Schwarze hin lichtgelb, rot, violett, grün und blau als Mittelstufen angesehen werden.

Strabo[2]) schreibt die verschiedenen Farbenabstufungen der Gewässer dem Reflex der umgebenden Landschaft zu, Plinius berührt diese Frage überhaupt nicht. Auch das Mittelalter dachte über diese Sache wenig nach und betete einfach, wie in anderen naturwissenschaftlichen Fragen, die Traditionen des Altertums gläubig nach.

Erst mit dem Aufschwunge der mathematischen und physikalischen Wissenschaften in der zweiten Hälfte des 17. Jahrhunderts wendete man den Erscheinungen der Lichtbrechung vorzügliche Aufmerksamkeit zu. Seit Newtons Entdeckung der Zerlegbarkeit des Sonnenlichtes in die prismatischen Farben wird die Thatsache, dass dunkle Körper unter Beleuchtung des weissen Tageslichtes in den verschiedensten Farben auftreten, dahin ausgedrückt, dass die Körper je nach ihrer Beschaffenheit nur bestimmte Farbenstrahlen des Lichtes zurücksenden, während die übrigen im weissen Lichte enthaltenen Farben entweder absorbiert oder durchgelassen werden. Newton bezeichnet die violetten, blauen und grünen Strahlen als jene, welche das Wasser

[1]) Prantl, „Aristoteles über die Farben.“ 1849. S. 109ff.
[2]) Geogr. libr. XII.

reflektiert, und hält nach einer von Halley in einer Taucherglocke gemachten Beobachtung die roten Strahlen für die durchgelassenen, während Arago[1]) die reflektierten Strahlen als blau und die durchgelassenen als grün bezeichnet. Beide Vermutungen zeigten sich indes bei direkter Prüfung nicht begründet.

In neuerer Zeit hat man dieses Thema mit grosser Vorliebe wieder aufgenommen und so das Problem seiner Lösung näher gerückt. Die Lösung des alten Rätsels war aber nur an der Hand eingehender physikalischer und chemischer Untersuchungen denkbar.

In geradezu klassischer Weise stellt F. A. Forel die Frage der Wasserfärbung in seinem „Handbuch der Seenkunde" dar. Er unterscheidet dabei zwischen der „Eigenfarbe" des Wassers und der „scheinbaren" Farbe desselben. Letztere Farbe nimmt ein Beobachter wahr, wenn er ein Gewässer unter einem schiefen Winkel beobachtet. „Vom Ufer aus gesehen", schreibt Forel, „erscheint die Oberfläche eines Sees gefärbt, doch nicht in den Tönen des Seewassers, sondern in denjenigen der jenseits des Sees gelegenen Landschaft." Ist der See ruhig, führt dieser Forscher weiter aus, so ist die Reflexion an seiner Oberfläche sehr vollkommen, sobald sich aber die Oberfläche des Gewässers unter dem Einfluss des Windes oder irgend eines mechanischen Impulses auch nur im geringsten kräuselt, vollzieht sich die Spiegelung unter ganz anderen Bedingungen. Jede Welle stellt nämlich einen cylindrischen, im Wellenkamm konvexen, im Wellenthal konkaven Spiegel dar, der bei grösserem Einfallswinkel verzerrte, in ihrer Höhe verkleinerte virtuelle Bilder der gespiegelten Gegenstände gibt. Der konkave Teil der Welle erzeugt verkehrte, der konvexe Teil aufrechte Bilder. Es entsteht so durch Spiegelung eine gewisse Färbung der Oberfläche des Gewässers, die die Resultante aller gefärbten sich spiegelnden Gegenstände und ihrer selektiven

[1]) Sämtliche Werke, übersetzt von Hankel, IX. S. 446.

Zurückstrahlung ist. Diese scheinbare, durch Spiegelung an der Oberfläche entstandene Färbung ist allerdings nur bei ganz glattem Wasserspiegel und gewisser Entfernung des Beobachters von der Wasserfläche mehr oder minder allein sichtbar; meist aber kombiniert sie sich mit der Eigenfarbe des Wassers, die von jener wohl unterschieden werden muss."

Auch bei unseren Schwarzwasserflüssen lässt sich die scheinbare Farbe beobachten. Auf sie führen sich die mannigfaltigen Nuancierungen zurück, die eine Folge der wechselnden Beleuchtung im Laufe der Stunden und Tage, der Beschattung durch Wälder, durch Wolken u. s. w. sind. Allein diese kleinen, zarten Abstufungen der Farbentöne haben mit der eigentlichen schwarzen Farbe der betreffenden Gewässer nichts zu thun; diese ist immer und unter allen Umständen vorhanden, wenn sie auch je nach dem Wasserstand in ihrer Intensität sich ändern kann. Gehen wir auf diese „Eigenfarbe" der Gewässer näher ein!

Wenn man einen See, dessen Tiefe so gross ist, dass der Boden des Beckens nicht mehr durchschimmert, senkrecht von oben betrachtet, so dass eine Spiegelung der Gegenstände ringsum ausgeschlossen ist, so erscheint dessen Wasser blau oder grün, seltener gelblich, grau, braun, schwarz, rötlich oder violett, je nach der Jahreszeit und je nach seinen Eigenheiten. Diese Farbe, die nicht durch Oberflächenspiegelung entstanden sein kann, ist die Eigenfarbe des betreffenden Gewässers. Wie kommt diese zustande? Wie kommt es überhaupt, dass wir eine Farbe des Wassers wahrnehmen und uns dieses nicht einfach schwarz erscheint?

Wäre das Wasser absolut rein, so würden die Lichtstrahlen in der ihnen durch die Brechung gegebenen Richtung weiterdringen, sie würden allmählich durch Absorption des Wassers ausgelöscht werden; die Intensität des Lichtes würde daher beim Eindringen in tiefere Schichten allmählich abnehmen. In einer bestimmten Tiefe würde praktisch alles Licht ausgelöscht sein. Solches Wasser müsste, da alles

Licht absorbiert und nichts reflektiert wird, bei Betrachtung von oben ganz schwarz erscheinen.

Das Wasser enthält jedoch zahllose mineralische und lebende oder abgestorbene organische Partikel, die ebenso zahlreiche Lichtschirme bilden, an denen das ins Wasser eindringende Licht zurückgeworfen wird, ehe es ganz absorbiert ist. Dieses von den Lichtschirmen reflektierte Licht gelangt durch das Wasser zurück und in unser Auge; auf ihm beruht die Eigenfarbe der betreffenden Gewässer. Diese Eigenfarbe des Wassers, wie wir sie bei auffallendem Lichte sehen, ist also durchaus abhängig von der Eigenfarbe des Wassers, wie sie sich hei durchfallendem Licht zeigt.

Welches sind nun die Faktoren, die diese Eigenfarbe des Wassers bestimmen?

Nach den Untersuchungen von Bunsen[1]) ist das destillirte chemisch reine Wasser nicht farblos, wie man gewöhnlich annimmt, sondern hat von Natur aus eine reine blaue Färbung, d. h. es absorbiert alle anderen Strahlen des weissen Lichtes stärker als die blauen. Die blaue Farbe bemerkte er, wenn er durch eine zwei Meter lange Wassersäule Porzellanstücke betrachtete. Das bestätigten durch weitere Experimente auch Beetz[2]) und Spring.[3])

Diese dem chemisch reinen Wasser zukommende rein blaue Farbe kann nun durch mancherlei modifiziert werden, nämlich

1. durch Beimengung schwebender Partikel,
2. durch Auflösung von färbenden Substanzen.

1. Von Einfluss sind vor allem die suspendierten Teilchen. Die mit gelbem Löss geschwängerten Flüsse Chinas haben ein gelbliches Aussehen; der Rio Negro Patagoniens führt soviel schwarzen Schlamm mit sich, dass er eine ganz dunkle Farbe zeigt, der grosse Red River Nordamerikas soll endlich seinen Namen dem Reichtum an Kupfer-

---

[1]) Liebig und Wöhler, „Annalen der Chemie und Pharmacie". LXII S. 44. [2]) Über die Farbe des Wassers. Annalen der Physik und Chemie. 1862 191. Bd. S. 137. [3]) Bulletin de l'académie royal belgique, Sér. 3. Tom. V. 1883. S. 55.

verbindungen zu verdanken haben, den seine Fluten suspendiert mit sich führen, ebenso wie der Rio Tinto in Spanien. Durch die im Wasser freischwebenden festen Partikelchen wird nämlich eine Hemmung des eindringenden Lichtes bewirkt und dasselbe diffus nach allen Seiten hin zurückgeworfen, wie wir oben sahen. Sind diese Partikelchen zahlreich, so bilden sie gleichsam einen Nebel, dessen Dichte und Mächtigkeit derart sein kann, dass er schon in wenig dicken Lagen für Lichtstrahlen absolut undurchdringlich ist. Je nach der Farbe und Menge dieser suspendierten Teilchen wird auch die Farbe des Flusses eine andere sein. Sind die Partikelchen so zahlreich, dass dieselben schon in einer Tiefe von wenigen Centimetern bedeutende Quantitäten Licht reflektieren, so hat dieses Licht nur wenig von seinen nichtblauen Lichtstrahlen durch Absorption im Wasser verloren, es kommt also als ziemlich weisses Licht zu den Partikeln. Haben diese eine bestimmte Farbe, so wird von dem sie treffenden fast weissen Licht nur diese Farbe reflektiert. Wenn auch beim Durchgang des Lichtes nach oben wieder etwas von den nichtblauen Strahlen absorbiert wird, so kommen doch die Farben der suspendierten Teilchen nur wenig verändert ins Auge: das Wasser erscheint in der Farbe der suspendierten Teilchen. Je geringer die Zahl der Partikel ist, aus desto tieferen Schichten erst gelangt dann Licht durch Reflexion von den Partikeln ins Auge, desto mehr also werden sowohl beim Eindringen als auch beim Zurückkehren die nichtblauen Strahlen absorbiert, desto mehr dominieren die blauen. Die Partikel erscheinen also nicht mehr in ihrer Farbe, sondern in ihrer Farbe mit einem Stich ins blaue, z. B. gelbe Teilchen grün. Je blauer das Wasser, desto mehr herrschen unter den in das Auge gelangenden Strahlen die blauen vor. Freilich werden auch sie immer schwächer, da ja auch sie eine Absorption erfahren, wenn auch eine geringere als die anderen Lichtstrahlen. Je mehr die Trübung vermindert ist, desto tiefer dringen die Lichtstrahlen ein ohne reflektiert zu werden, ein desto kleinerer

Teil derselben gelangt aber in das Auge zurück, d. h. desto dunkler erscheint das Wasser. Ein Wasser ohne jede Spur suspendierter Teile, wie es ja freilich in der Natur nicht existiert, würde wegen Fehlen jeglicher reflektierender Lichtschirme ein Maximum von Durchsichtigkeit besitzen, so dass bei flachen Flüssen der Untergrund noch durchschimmert. An tiefen Stellen aber muss solches Wasser völlig schwarz erscheinen. So können durch Suspension von Partikeln verschiedener Farbe in verschiedener Menge die allerverschiedensten Farbentöne hervorgerufen werden: von hellgelb zum grün, zum blaugrün und schwarz, vom rot zum violett und schwarz, vom weiss zum hellblau, zum dunkelblau und zum schwarz. Erfahrungsgemäss bedingen höhere Wasserstände bei Flüssen infolge der reichlich zugeführten suspendierten Kalkteilchen lichtere Farbentöne. Ferner erscheint das Wasser durch die bei einem anhaltenden Sturme vom Grunde aufgewühlten grösseren Massen weissen Schlammes weit heller als sonst. Namentlich erkennt man in ausgezeichneter Weise an der Isar, in welch enger Beziehung die Menge der suspendierten Teile zur Abtönung der Wasserfarbe steht. Im Winter, zur Zeit des niedrigsten Pegelstandes ist das Isarwasser in München sehr rein und daher von tief dunkelgrüner Farbe. Bei steigenden Wasserspiegel, im Frühjahre aber, erbleicht infolge von Schneeschmelze oder Regen, wobei eine Menge suspendierter Teile in den Fluss gelangt, der Farbenton und geht allmählich in trübes Gelbgrün und schliesslich sogar in Gelb über. Im Herbst, wenn das Wasser sinkt und sich dabei klärt, kehrt die frühere dunkelgrüne Färbung wieder zurück. Die Intensität des Anteils blauen Lichtes am Farbenton der Gewässer und die Menge ihrer Sedimentführung stehen also im umgekehrten Verhältnis zu einander.

Aber auch suspendierte organische Massen selbst von solcher Kleinheit, dass sie dem Auge nicht sichtbar sind, bewirken eine Färbung des Wassers. Spring[1]) beobachtete

[1]) Spring, „Sur la cause de L'Absence de Coloration etc.", Brüssel 1898.

nämlich, dass das frisch destillierte Wasser eine ziemlich reine, himmelblaue Farbe gab, während das seit längerer Zeit für Laboratoriumszwecke hergestellte eine hellgrüne Farbe zeigte, wie eine verdünnte Lösung von Eisensulfat, nicht die gehoffte blaue. Hieraus konnte nun Spring schliessen, dass das destillierte Wasser der Laboratorien keineswegs rein ist, sondern Substanzen enthält, welche mit der Zeit Veränderungen erleiden. Dass diese Substanzen lebende Organismen sind, wurde durch folgenden Versuch geprüft:

Eine Röhre wurde mit gewöhnlichem destillierten Wasser gefüllt, das hindurchgehende Licht war blau; die andere Röhre wurde mit demselben Wasser gefüllt, dem ein zehntausendstel Quecksilberchlorid zugesetzt war; die Farbe dieses Wassers war ganz gleich dem Blau des ersten. Nach sechs Tagen nun war das Wasser der ersten Röhre grün geworden, das Wasser mit Quecksilberchlorid hingegen hatte seine blaue Farbe unverändert beibehalten. Da nun Quecksilberchlorid für Organismen ein heftiges Gift ist, so kam Spring zu der Ansicht, dass auch im destillierten Wasser der Laboratorien kleinste Lebewesen vorkommen und mithin Nahrungsmittel zur Entwicklung derselben in ihm vorhanden sind.

Interessant und sehr wichtig ist, dass unsere behandelten Schwarzwasserflüsse ausserordentlich rein an suspendierten Substanzen sind. Da nun das Wasser desto dunkler erscheint, je reiner es an suspendierten Teilchen ist, so trägt diese Reinheit bei zahlreichen Flüssen, die eine sehr grosse Tiefe besitzen (Tapajos, Trombetas etc.), sicher dazu bei, sie schwarz erscheinen zu lassen.

2. Eine Färbung des Wassers kann auch dadurch erfolgen, dass demselben gelöste färbende Substanzen zugeführt werden. Haben die gelösten Substanzen auch die Eigenschaft, die roten oder überhaupt die nichtblauen Strahlen stärker zu absorbieren als die blauen, ist also ihre Eigenfarbe in dicken Lagen auch blau, wie beim Kochsalz, so verstärkt ihre Auflösung im Wasser dessen blaue Farbe. Weicht dagegen ihre Eigenfarbe von der des Wassers ab, so modifiziert ihre Auflösung das Blau des Wassers und zwar um so mehr, in je grösseren Mengen sie dem Wasser beigemengt werden.

Da unsere schwarzen Flüsse, wie wir oben geschildert

haben, fast alle ganz klare, d. h. schlammfreie Wasser führen, so leuchtet ein, dass die schwarze Färbung durch gelöste Farbstoffe hervorgerufen sein muss. Dass dieselbe nicht einfach durch die Tiefe bedingt ist, geht schon daraus hervor, dass sie auch bei flachen Flüssen auftritt.

Fragen wir nach den im Wasser gelösten Substanzen, so ist da zunächst zu betonen, dass dieselben überaus gering sind. Es hängt das mit der Beschaffenheit des Einzugsgebietes der schwarzen Flüsse zusammen. Der petrographische Charakter in allen Bezirken der schwarzen Flüsse ist immer der gleiche: Urgestein, Sandsteine, Thone und Laterit, die bezüglich ihrer chemischen Zusammensetzung einander nahezu ganz gleich sind, Silikate (siehe Tafel II), deren wichtigster Bestandteil die Kieselsäure ist, die zwischen 40—80% der Gesamtmasse ausmacht, dann Thonerde, Eisenoxyd und Eisenoxydul, Magnesia, Kali, Natron und Wasser. Wie verschieden z. B. der Gehalt der Urgebirgsgewässer an gelösten Substanzen, verglichen mit dem der Flüsse anderer Formationen, ist, zeigen uns Späths[1]) und Metzgers[2]) Untersuchungen. Dazu diene als Beweis untenstehende Tabelle. Die Zahlen in derselben stellen die Mittelwerte des in 100 Teilen Rückstand gefundenen Prozentgehaltes dar, und zwar einerseits aus neun Wasserproben des Keupers und Muschelkalkes nach Späth und andererseits aus den gleichen Werten von 13 Wasserproben aus dem Urgebirge nach Metzger:

Vergleichende Tabelle
der %-Zusammensetzungen von 100 Teilen Rückstand in den Wassern:

	Na_2O	R_2O	CaO	MgO	Cl	SiO_2	SO_3	Rest
Der Triasformat. (Keuper und Muschelkalk.)	3,24	4,29	29,34	9,0	4,15	7,09	16,27	26,62
Der Urgebirgsf.	11,50	9,70	9,00	5,1	12,00	28,90	8,67	15,13

Das Mittel im Trockenrückstand eines Liters ist in den Wassern aus der Triasformation 248 mgr, in den Wassern aus dem Urgebirge 87 mgr. (Siehe auch Tafel III.)

[1]) Späth, Beiträge zur Kenntnis der hydrogr. Verhältnisse v. Ofr.; Mittlg. aus dem pharm. Institut etc., 2. Heft, München 1892. [2]) Metzger, Beiträge zur Kenntnis der hydrogr. Verhältnisse des bayr. Waldes. Erlangen 1892.

Auch die Wasser des Sandsteingebietes gleichen den Urgebirgsgewässern an Armut der gelösten Mineralstoffe, und ihre Reinheit kommt vielfach der des destillierten Wassers nahezu gleich. Da die chemische Beschaffenheit der Sandsteine ohne Rücksicht auf ihr geologisches Alter (siehe Tafel II) fast gleich ist, so genügen hier folgende Wasseranalysen: Nach Gümbel[1]) enthalten die Gewässer des Sandsteingebietes des Vorspessarts ausser kleinen Mengen von atmosphärischer Luft und Spuren von Kohlensäure durchschnittlich nur 36, einzelne selbst nur 20 mgr Trockenrückstände in 1 Liter und zwar hauptsächlich Kochsalz und Kieselerde. In dem Wasser des Herrnbrunnens bei Lohr betragen beispielsweise die Gesamttrockenrückstände in 1 Liter Wasser 78 mgr, bestehend nach Prozenten aus Kieselsäure 12, Chlor 18, Natron 12, Kalk 5, Schwefelsäure 2, Thonerde, Bittererde und Eisenoxyd 5, gebundener Kohlensäure 4, sonstigen Mineralstoffen 2, Organischem 18, dazu kommt freie Kohlensäure 22. — Die Analyse des Breitenruhquellwassers im Bibergrund ergab: Chlornatrium 3,07, Calciumsulphat 2,00, Natriumcarbonat 2,03, Calciumcarbonat 0,01 und Kieselsäure 6,00 mgr im Liter.

Dass auch die schwarzen Flüsse Südamerikas ausserordentlich arm an gelösten Bestandteilen sind, berichtet uns z. B. Katzer. Er schreibt: Das Tapajoswasser ist äusserst klar, so dass man selbst durch eine 3 bis 4 m mächtige Schicht bis auf den Grund sieht. Die Analyse einer bei Itaituba geschöpften Probe ergab einen aussergewöhnlich geringen Gehalt an gelösten Bestandteilen, in welchem Sinne der Tapajos zu den reinsten Flüssen der Welt gehört. Ich kann darauf hinweisen, dass alle Fluss- und Bachwässer des Amazonasgebietes, die ich untersucht habe, ohne Ausnahme durch eine auffallende Armut an gelösten Bestandteilen ausgezeichnet sind.[2])

Dagegen zeigen diese Flüsse einen ausserordentlichen Reichtum an Huminsäure, resp. Verbindungen derselben. Das Vorhandensein enormer Massen an organischen Bestandteilen haben uns die Analysen durch Pfaff und Müntz und Marcano beim Rio Negrowasser ergeben.[3]) Dass diese

---

[1]) Gümbel, Bd. II S. 641. [2]) Katzer, Zur „Geographie des Tapajos“; Globus 1900 S. 284. [3]) Siehe Seite 193, 194 und 195.

färbenden Humussäure-Verbindungen den verwesenden Pflanzenmassen der Einzugsgebiete der Schwarzwasserflüsse entstammen, ist von vornherein klar. In der That hat F. A. Forel ebenso wie Wittstein durch Beimengung von Torfmooren zu Wasser des Genfersees die verschiedensten Färbungen bis zu braun und schwarz hervorbringen können. Allein rätselhaft bleibt es, warum Torfwasser, resp. Wasser aus verwesenden Pflanzenmassen nur im Urgebirge eine Schwarzfärbung hervorbringen, im Kalkgebiet aber nicht.

Hierüber gibt folgendes Experiment Aufschluss, das wir nach Rücksprache mit Herrn Dr. Wein, Professor der Chemie an der Akademie Weihenstephan und mit Herrn Apotheker Dr. Heiss in des letzteren Laboratorium angestellt haben. Man nahm drei mit destilliertem Wasser gefüllte Gefässe und legte in jedes derselben Humus (Torf oder Waldhumus); während das erste Gefäss ohne anderen Zusatz gelassen wurde, brachte man in das zweite Gefäss kohlensaures Natron, und in das dritte kohlensaures Kali. In ganz kurzer Zeit nahm das Wasser im 2. und im 3. Glase eine dunkle Färbung an, während das Wasser im ersten Glase sich nicht änderte, sondern weiss blieb. Hieraus geht hervor, dass die Humussäure nicht etwa in reinem Wasser einfach aus dem Torf in Lösung geht und dasselbe färbt, sondern dass im Wasser Alkalien gelöst sein müssen, damit eine Färbung eintritt, wie schon Wittstein betonte.[1] Wenn auch, wie Schwager[2]) behauptet, Humussäure durch freie Lösung ins Wasser gelangen kann, so sind die Mengen jedenfalls gering und nicht imstande, eine merkliche Färbung des Wassers zu bewirken; die Anwesenheit von Alkali im Wasser ist notwendig. Auch Wollny[3]) hat dies betont, wenn er auch eine freie Lösung für möglich hielt.[3])

Ein Versuch mit hartem, d. h. kalkreichem Wasser ohne Alkalien ergab indes keine Färbung. Ja, die Beimengung von Wasser, in dem grössere Quantitäten doppelkohlensaures Kalkes gelöst waren, zu Wasser, das vorher unter Mitwirkung von Alkali durch Humussäure schwarz gefärbt worden war, ergab eine fast vollständige Entfärbung der letzteren.

Der letztere Versuch wurde in zweierlei Weise vorgenommen. In der Apotheke des Herrn Dr. Heiss wurde eine starke Lösung von doppelkohlensaurem Kalk benützt, die durch Durchleiten von Kohlen-

---

[1]) Sitzungsberichte d. k. b. Akademie der Wissenschaften in München. 1860. S. 603. [2]) Schwager, Geognostische Jahreshefte 1894 und 1897. [3]) Geogr. Zeitschr. v. Hettner, 1897, S. 288. — Wollny, E., „Die Zersetzung organischer Stoffe etc." Heidelberg 1897.

säure durch einen Brei von präzipitiertem kohlensaurem Kalk und 10 Teilen Wasser gewonnen worden war. Die Entfärbung erfolgte bei Zusatz dieser Lösung zu schwarzem Wasser, das nachher durch Auflösung von Humussäure in alkalihaltigem Gewässer heller worden war, wenn auch ein Stich ins Weingelbe zurückblieb. Im geographischen Institut der Universität Bern wiederholten wir den Versuch mit einer schwachen Lösung, die durch Schütteln von präzipitiertem kohlensauren Kalk mit dem Wasser einer Sodorflasche[1]) hergestellt war. Die Entfärbung erfolgte hier allmählich und erreichte erst nach einigen Tagen den Grad, wie beim ersten Experiment sofort. Bräunlicher Schlamm setzte sich in beiden Fällen zu Boden. Wie sich diese Vorgänge chemisch erklären lassen, können wir nicht sagen, da die Humussäure, Geinsäure etc. und die entsprechenden Verbindungen leider noch wenig untersucht sind. Nur als Vermutung möchte ich hier folgendes anführen. Humussäure, Geinsäure etc., wie sie im Torf, überhaupt in allen verwesenden Pflanzenmassen vorhanden sind, sind in reinem Wasser nur minimal frei löslich. Enthält das Wasser Alkalien, so gehen diese mit der Humussäure Verbindungen ein, die leicht löslich sind, und nun das Wasser färben. Wird eine Lösung von doppelkohlensaurem Kalk beigefügt, so verdrängt das Calcium die Alkalien und es entstehen humussaure Calciumverbindungen. Diese sind schwer löslich und fallen daher als schwarzer Niederschlag aus, so eine Entfärbung des Wassers hervorbringend. Verstärkt wurde diese Entfärbung noch durch Zulegung von Magnesia.

Was ergibt sich nun aus diesem Experimente für die Frage der schwarzen Flüsse?

Zunächst erklärt sich sofort, warum wir schwarze Flüsse nur auf Urgebirgen, Sandsteinen, Thongesteinen etc., aber nie auf Kalkboden treffen. Urgebirgswasser, überhaupt Silikatgesteine, enthalten nämlich Alkalien gelöst. Das lehren direkt die Analysen von Gümbel, Wittstein und Metzger. Gelangen nun verwesende Pflanzenmassen mit diesem Wasser in Berührung, so färbt sich das letztere schwarz, da sich die lös-

---

[1]) Flasche, um Wasser mit Kohlensäure anzureichern. Auf den Flaschenhals wird eine kleine, etwa $^1/_2$ cbcm fassende Kohlpatrone, die mit flüssiger Kohlensäure gefüllt ist, gesteckt, die Flasche hermetisch geschlossen und gleichzeitig durch einen Dorn die Kohlpatrone angebohrt, aus der nun die Kohlensäure in die Flasche übertritt. Durch Schütteln wird die Kohlensäure in Wasser gelöst. Der präzipitierte kohlensaure Kalk war vorher in die Flasche gebracht worden.

lichen humussauren Alkaliverbindungen bilden. Bei der Lösung der Alkalien des Urgesteins bleibt die Kieselsäure der Feldspäte zurück; diese ist weiss, — so ist auch das Bett der schwarzen Flüsse weiss.

Anders bei Flüssen auf Kalkboden; dieselben enthalten doppelkohlensauren Kalk und Magnesia in grossen Mengen. Diese gehen mit der Humussäure der verwesenden Pflanzensubstanzen Verbindungen ein, aber diese sind nicht löslich und scheiden sich daher am Boden aus. Der Boden der Flüsse des Kalkgebietes ist deshalb schwarz, das Wasser aber weiss. Also genau, wie wir das eben geschildert haben.

Aber auch die Entfärbung der Schwarzwasser nach Betreten von Kalkboden erklärt sich: Das Calcium des als doppelkohlensaurer Kalk in Lösung gehenden kohlensauren Kalkes, sowie das Magnesium verdrängen die Alkalien in den humussauren Verbindungen, es bilden sich so humussaure Calcium- und Magnesiaverbindungen, die als schwer löslich ausfallen. Das in Lösung bleibende Alkali bleibt infolgedessen ohne Wirkung für die Färbung des Flusses, und dieser wird aus einem schwarzen ein weisser Fluss.

Das genügt völlig, um das Auftreten der Schwarzwasserflüsse zu erklären. Wir brauchen nichts weiter, und brauchen vor allem nichts voraussetzen, was nicht durch Beobachtungen belegt ist. Damit soll aber nicht gesagt sein, dass nicht vielleicht auch noch andere Faktoren bei der Färbung der Schwarzwasserflüsse mitsprechen können. So glaubte Schwager jüngst eine andere Ursache für die Dunkelfärbung des Silikatwasser gefunden zu haben. Er nimmt die zahlreichen Diatomeen, die sich infolge des grossen Kieselsäuregehaltes in jenen Gewässern bilden, als Färbungssubstanz an. „Manche Flüsse", schreibt er, „scheinen durch die zahlreichen Diatomeen im Vereine mit braunschwarzen Flocken unbestimmter Art auf diese Weise wie mit manganhaltigen Eisenausscheidungen erfüllt, was sich bei näherem Zusehen als diese Anhäufung von zweifelhaften kleinsten Lebewesen pflanzlicher Natur herausstellt. Und wir werden nicht fehl gehen, wenn wir jegliche Färbung der Gewässer, wie zur Zeit schon vielerorts nachgewiesen wurde, mit der zuständigen Flora und Fauna, zumal mit den niederen Lebewesen in Zusammenhang setzen." In der That! In fliessenden Silikatgewässern, wo die Kieselsäure zwischen 40—80% der Gesamtmasse der gelösten Bestandteile ausmacht (s. Tafel III), ist jenen niederen Organismen unzweifelhaft zu ihrer Existenz ein so günstiges Feld gegeben, dass ihr Dasein in grossen Massen möglich erscheint. Da auch bei verschiedenen Meeren, so z. B. im Grönländischen Meere bereits nachgewiesen wurde, dass zahllose Kieselpflanzen eine ‚Schwarzfärbung' des Wassers verursachen, so ist die Schwagersche Anschauung nicht direkt von der Hand zu weisen. Allein sie erklärt uns doch vieles nicht. Warum kommen die Schwarzwasserflüsse auf Silikatgesteinen stark ausgeprägt nur im Urwald und Moorgebiet vor und fast gar nicht im Steppen- und Wüstengebiet? Das vegetationsarme Mato Grosso ist, wie wir gesehen haben, fast bar an solchen Gewässern, während die dichtbewaldete, moorige Sierra do Maar überaus reich an solchen Flüssen ist. Ähnliche Beispiele giebt es in solcher Zahl, dass eine Anführung derselben unnötig ist.

Freilich weiss Schwager für diesen Vorhalt eine Antwort. „Treten," schreibt er, „im Verlauf ihres Weges für jene Organismen günstige Lebensbedingungen ein, zu denen wir einen gewissen Salzgehalt des Wassers und verminderte Bewegung gewiss rechnen können, so wird leicht eine bedeutende Vermehrung derselben Platz greifen können." Wir zweifeln nicht, dass im einen oder andern Fall jene Lebewesen etwas dazu beitragen können, einen dunklen Ton bei den Gewässern zu verursachen, allein diese Erklärung auf alle schwarzen Flüsse und speziell auf diejenigen Südamerikas anzuwenden, geht eben deswegen nicht, weil für diese die Existenz von massenhaften Diatomeen überhaupt noch nicht nachgewiesen ist.

Dass sie aber Alkali enthalten, ist sicher, da sie im Urgebirge fliessen. Dass ihnen ferner Verwesungsprodukte von Pflanzen in Menge zukommen, steht ebenfalls fest. Das aber genügt völlig zur Erklärung ihrer schwarzen Farbe.

Anders dürfte es mit der von Spring besonders betonten Rolle des kohlensauren Eisenoxyduls bei der Dunkelfärbung der Gewässer sein. Gerade die Silikatgesteine sind reich an Eisenoxyd, das bei Anwesenheit chemischer Verbindungen leicht in Eisenoxydul reduziert werden kann und als kohlensaures Eisenoxydul in Lösung bleibt. Da nun, wie Spring[1]) durch Experimente nachgewiesen hat, das Eisenoxydul etwa in einer Verdünnung von $^{1}/_{10\,000\,000}$ eine Gelb- oder Braunfärbung der Gewässer verursacht, so darf fast sicher angenommen werden, dass das kohlensaure Eisenoxydul auch beteiligt ist bei der Schwarzfärbung mancher unserer betrachteten Flüsse.

Schluss.

Wir können unsere Resultate in folgenden Thesen zusammenfassen:

1. Schwarzwasserflüsse finden sich nur in Gegenden, wo grosse verwesende Pflanzenmassen vorkommen.

2. Sie treten in Südamerika und auch anderwärts nur auf Gesteinen auf, die Alkalien enthalten, auf Granit, Gneis, Sandstein, Laterit, Thon, kurz auf Silikatgesteinen.

3. Sie fehlen durchaus auf Kalkboden.

4. Tritt ein Schwarzwasserfluss auf Kalkboden über, so verliert er nach kurzem Lauf seine schwarze Farbe und wird ein Weisswasserfluss.

5. Das Bett der Schwarzwasserflüsse ist weiss, das der Weisswasserflüsse, die Moorwasser aufnehmen, schwarz.

6. Die Schwarzfärbung führt sich darauf zurück, dass bei Anwesenheit von Alkalien im Wasser, wie sie stets auf Silikatgesteinen eintritt, die Humussäure mit diesen leichtlösliche, das Wasser braunfärbenden Verbindungen zum Teil saure Verbindungen eingeht.

---

[1]) Spring, Sur la cause de L'Absence de coloration etc., Brüssel 1898 S. 5 und 6.

7. In gleicher Richtung dürfte auch im Wasser gelöstes kohlensaures Eisenoxydul wirken.

8. Verstärkt mag die Schwarzfärbung für das Auge bei auffallendem Licht durch das Fehlen suspendierter Partikel und die dadurch bedingte ausserordentliche Klarheit der Gewässer werden, die tiefe Wasser stets dunkel erscheinen lässt.

9. Andere Momente, wie z. B. Beimengung von schwarzem suspendierten Schlamm, Auftreten von Diatomeen (Schwager) mögen lokal mitspielen, sind aber unwesentlich.

10. Das Fehlen von Schwarzwasserflüssen auf Kalkboden, sowie die Entfärbung derselben beim Betreten von Kalkboden führt sich auf den Ersatz der Alkalien in den humussauren Verbindungen durch Calcium und Magnesia zurück; diese humussauren Calcium- und Magnesiaverbindungen fallen als schwerlöslich aus.

11. Die weisse Farbe des Bettes der Schwarzwasserflüsse erklärt sich daraus, dass die Verbindungen der Lösungsprodukte der Silikatgesteine mit Humussäure überaus leicht löslich sind, daher in Lösung bleiben und das kohlensäurehaltige Wasser die Silikatgesteine resp. deren zersetzbare Mineralien immer weiter löst; es bleibt weissliche Kieselsäure zurück.

12. Die schwarze Farbe des Bettes der Moorwasser enthaltenden Weisswasserflüsse dagegen führt sich auf die Ausfüllung der schwerlöslichen humussauren Calcium- und Magnesiaverbindungen zurück.

Tafel I.

Dez.
Jan.
Febr.
März
April
Mai
Juni
Juli
Aug.
Sept.
Okt.
Nov.
Autor:
I. Ynirida:
Bull. S. G. 1880. 290.
II. Atabapo:
Humboldt B. III p. 225.
III. Essequibo:
1. Oberlauf:
Rich. Schomburgk. I. Tl. pag. 303.
2. Unterlauf:
Sievers „Amerika“ S. 172.
IV. Moju:
Grisebach, S. 379. Verhältn. v. Unterlauf d. Amazonas.
V. Tapajoz:
1. Oberlauf:
Katzer, Globus 1900. 284.
2. Unterlauf:
Katzer, Globus 1900. 284.
VI. Abacaxis:
1. Oberlauf:
Chandless. J. G. S. 1870 S. 419.
2. Mündung:
Verhältnisse v. Villa Bella. Bates 56.
VII. Rio Negro:
1. Ober. R.N.
Humboldt, B III S. 269.
2. Fälle:
Wallace, R. G. S. Bd. 30. S. 71.
3. Mündung:
Chandless, J. G. S. Vol. 40. S. 431.
VIII. Yapura:
1. Oberlauf:
Bull. S. G. 1882. 707.
2. Mündg. b. Egas.
Bates, 309.
IX. Rio Teffe:
Bates p. 309.
X. Rio Samiria:
Hann, 372. Verh. des Ucayali (Galt bei Orton 380.
XI. Maranhao:
Martius S. 783.
XII. Küstenland v. 5° - 15° s.B.
Hann, S. 351.
XIII. Inneres von Bahia:
Martius, 771.
XIV. MinasGeraes:
Tschudi, „die Prov. Minas Geraes“. Gotha 1862.
XV. Sao Paulo:
Martius, S. 232.
XVI. Küstengeb. v. 15° s B bis z. Wendekr.
Hann, 351.
XVII. Brasilien: s. v. Wendekr.
a) Küste:
b) Inneres:
Siehe Kapitel: Niederschläge.

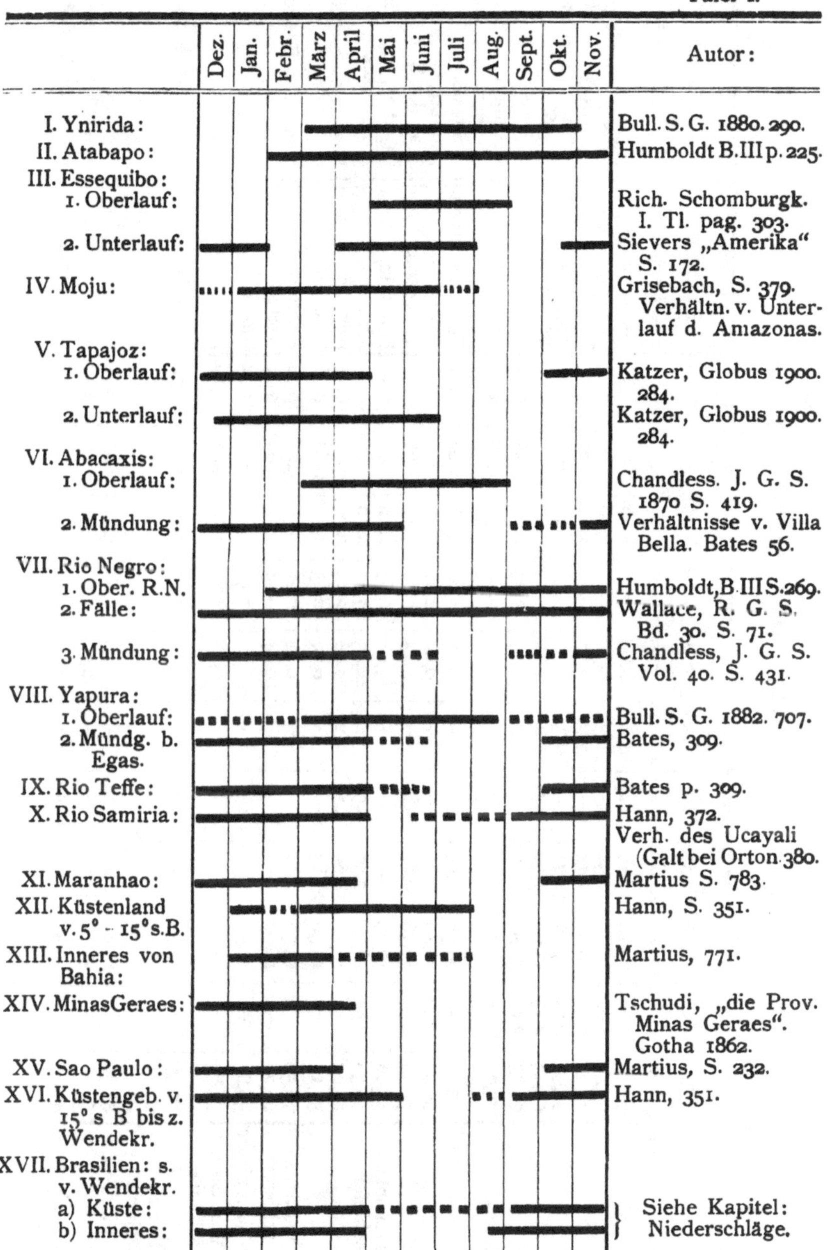

Chemische Steinanalysen.

Tafel II.

A. Urgesteine:

Gesteinsart:	SiO_2	TiO_2	Al_2O_3	Fe_2O_3	FeO	FeS_2	CaO	MgO	Na_2O	K_2O	H_2O	Fund-Ort:	citirt:
I. Granit	72,50	0,66	12,16	4,13	0,03	0,02	0,93	Sp.	2,19	6,46	0,70	Hauzenberg	Gümbel, Geologie v. Bayern: II. Bd. S. 434, 435, 436.
	75,45	1,00	—	6,54	6,54	—	0,35	„	1,10	5,46	—	Tirschenreuth	
	74,32	0,64	10,66	5,31	—	0,06	0,50	„	2,14	5,77	0,35	Weidhaus	
	70,92	0,54	9,37	11,74	0,08	0,05	0,77	„	1,47	3,98	0,68	Schwarzach	
	69,05	0,33	11,09	11,30	0,31	Sp.	1,12	„	1,30	4,95	0,33	Viechtach	
	74,63	0,43	10,54	3,59	0,45	Sp.	0,84	1,23	2,22	5,33	0,03	Pfreimt	
II. Gneis.	75,91	—	14,11	—	2,03	—	1,14	0,40	1,77	4,16	1,16	Sachsen	Neumayr, Erdgesch. I. Bd. S. 608.
	66,42	—	14,76	—	7,50	—	2,20	1,80	1,75	3,52	1,85	„	
	56,80	—	20,73	6,27	5,65	—	0,96	2,90	1,08	3,96	1,11	Torsa i. Schwed.	
	60,96	1,49	18,40	9,83	—	—	0,90	1,64	0,52	—	—	Glattbach	Gümbel, Geologie a. B. S. 623.
	72,39	0,97	17,76	0,86	0,88	—	1,43	0,41	3,49	1,31	—	Trageshof	
III. Hornblende-schiefer	46,06	—	16,19	—	—	—	13,08	6,69	2,52	—	—	Hörstein	Gümbel, etc. S. 624—626.
	49,30	0,54	16,56	3,36	6,98	—	12,85	7,18	2,16	0,82	—	Alzenau	
	48,65	—	16,42	18,62	5,17	—	7,16	2,32	0,89	0,56	0,21	Böhmen	Neumayr, S. 608.
	50,15	—	13,30	27,84	—	—	0,59	2,65	1,70	0,89	0,26	Finnland	
IV. Glimmer-schiefer	79,50	—	13,36	2,84	—	—	0,71	0,95	0,36	4,69	0,78	Zermatt	Neumayr, S. 608.
	60,21	—	18,60	—	5,34	—	0,44	0,94	2,16	3,80	2,04	Sachsen	
V. Talkschiefer	50,81	—	4,53	7,58	7,58	—	—	31,55	—	—	4,42	Gastein	Neumayr, S. 608.
VI. Viol. Sericit-schiefer	55,84	—	15,62	4,86	8,25	—	0,50	1,39	1,70	6,13	5,19	Wiesbaden	
Gefleckter Sericit-schiefer	70,99	—	13,77	0,38	3,91	—	0,41	0,37	3,13	4,81	1,50	Wiesbaden	
VII. Phyllit	61,72	—	19,55	—	8,55	—	0,55	1,08	4,81	4,81	3,74	Schlesien	
	63	—	21	4,5	—	—	0,5	1,5	1,5	4,5	3,5	„	Gümbel, S. 167.
VIII. Chlorit-schiefer	42,08	—	3,51	—	27,44	—	1,04	17,10	—	—	11,24	Pfitschthal	Neumayr, S. 608.

B. Sandsteine:

Gesteinsart:	SiO_2	Al_2O_3	Fe_2O_3	CaO	MgO	K_2O	Na_2O	CO_2	H_2O	Summa	Fund-Ort:	citirt:
Flyschsandstein	89,69	4,08	0,56	2,25	0,29	0,58	0,35	1,44	0,46	99,70	Reichenhall	Geogn. Jahreshefte 1895 S. 83.
	21,77	3,99	1,33	40,89	—	—	—	32,00	—	99,98		
	48,18	25,45	6,36	3,54	3,45	5,25	3,17	—	4,54	99,94		
	92,94	3,68	0,53	0,43	0,40	0,61	3,36	—	0,58	99,53		
Taviglianazsand	83,00	10,31	1,38	0,21	0,15	1,31	0,64	—	2,86	100,19	Taveyanz-Alpe	Geogn. Jahreshefte 1895 S. 84.
	45,98	35,35	3,33	0,75	0,69	1,28	0,52	—	12,76	100,66		
	94,c8	2,87	0,36	—	—	1,32	0,67	—	—	99,28		
	57,72	5,85	0,87	17,18	1,22	0,46	0,68	14,58	0,82	99,38		
	62,98	17,22	3,78	4,20	1,87	0,65	3,83	2,34	3,42	100,29		
Keupersandst.	92,17	1,15	0,22	0,28	2,26	0,20	0,08	—	—	100,40	Nürnberg	

C. Laterit:

Gesteinsart:	SiO_2	Al_2O_3	Fe_2O_3	MnO	CaO	MgO	K_2O	Na_2O	Cl	SO_3	CO_2	Org & H_2O	Summa	Fund-Ort:
Laterit:	80,521	11,142	4,038	Sp.	0,205	0,116	0,188	0,180	0,005	0,004	0,003	4,040	100,441	Dondo-Malunge in S.W.-Afrika von Dr. Buchner. Jahreshefte 1894 7. Jahrg. S. 85.
	29,90	23,21	28,69	„	0,49	0,11	1,14	1,33	—	—	—	13,33	98,30	
	42,83	39,87	3,48	„	0,65	0,41	0,28	0,28	—	—	—	12,45	100,35	

D. Thonboden der Amazonas-Niederung:

Gesteinsart:	SiO_2	Al_2O_3	FeO	Na_2O & Ka_2O	H_2O	CaO	Fund-Ort:	citirt:
Thon:	44,33	30,50	8,35	0,33	15,45	—	Coari	Martius pag. 1177.
	49,50	30,05	3,40	3,10	12,99	—	Barra do Negro	

Tafel III

Wasser-Analysen.

Gewässer:	In Milligramm:												Analysen nach:
	NaCl	K_2SO_4	$CaCO_3$	$MgCO_3$	SiO_2	Al_2O_3 Fe_2O_3	Na_2O	K_2O	Na_2SO_4	KCl	$CaSO_4$	Summa	
A. Schwarzwasserflüsse:													
Grosser Regen oberhalb Zwiesel	5,09	4,35	4,61	2,86	6,90	0,72	—	—	—	—	1,49	26,02	1. **Metzger**, Beiträge zur Kenntnis der hydrogr. Verh. des bayr. Waldes. Erlangen 1892.
Kleiner „ „ „	3,82	3,22	5,36	3,02	8,12	1,32	—	—	2,24	—	—	27,10	
Schwarzer Regen unterhalb „	4,22	2,44	3,95	3,04	8,32	1,00	—	—	—	1,09	2,17	26,23	
Weisser Regen oberhalb Kötzting	5,09	4,47	4,12	3,36	10,18	1,00	—	—	1,56	—	3,67	33,45	
Regen bei Regensburg	7,63	8,85	13,40	5,67	10,20	0,47	1,47	1,82	—	—	—	49,51	
Luhe bei Markt Luhe	11,53	5,87	19,50	9,45	13,70	0,90	5,52	3,73	—	—	—	70,20	2. **Sendtner**, Die Vegetationsverh. Südbayerns; München 1854.
Saale vor der Vereinigung mit der Selbitz bei Blankenstein	16,4	—	29,00	20,00	5,6	—	—	—	12,4	—	2,6	86,00	
Pfreimt, Brücke b. Böhm. Bruck	10,84	2,52	13,04	9,61	9,15	0,13	2,36	—	3,53	—	—	51,18	
Ilz vor der Mündung in die Donau	5,27	4,35	8,20	3,36	10,10	0,70	0,90	5,25	—	—	—	38,13	3. **Schwager**, Hydrochem Untersuchungen im Bereiche des unteren bayr. Donaugebietes. Geogn. Jahreshft. VI.
B. Hellwasserflüsse:													
Donau oberhalb Regensburg	8,90	12,29	150,00	53,69	8,00	1,60	—	—	12,34	—	—	246,82	
Donau unterhalb „ nach Einmündung des Regen	8,98	12,31	44,30	13,86	10,62	1,32	3,46	—	—	—	—	94,85	
Donau oberhalb Vilshofen	7,00	24,80	128,12	62,40	5,45	0,75	16,70	—	—	—	—	245,22	
Donau oberhalb Passau	6,35	6,55	26,80	29,40	19,00	1,25	0,62	—	10,64	—	—	100,61	
Inn vor der Mündung in die Donau	7,42	1,69	7,106	27,90	7,60	1,25	—	—	7,51	—	15,72	140,15	
Donau unterhalb Passau nach Einmündung der Ilz und des Inns	9,56	5,07	78,29	28,00	6,00	0,70	—	—	6,25	—	2,80	136,37	
Vils bei Vilshofen	7,08	12,83	117,14	59,00	8,00	0,90	6,80	5,00	—	—	—	216,75	

Literatur.

Bücher:

1 **Apun, C. F.**, „Unter den Tropen". Wanderungen durch Venezuela, am Orinoco, durch Britisch-Guayana und am oberen Amazonenstrom in den Jahren 1849—1868. Costenoble 1871.

2 **Avé-Lallemant, Robert,** „Reise durch Nordbrasilien im Jahre 1859", 2 Tl. Leipzig 1860.

3 Derselbe, „Reise durch Südbrasilien im Jahre 1858". 2 Tl. Leipzig 1859.

4 **Bates, H. W.**, „Der Naturforscher am Amazonenstrom". Leipzig 1866.

5 **Bayern,** Therese, Prinzessin von, Kgl. Hoheit, „Meine Reise in den brasilianischen Tropen". 8°. 544 S., mit 2 Karten, 4 Tafeln, 18 Vollbildern und 60 Textabbildungen. Berlin, D. Reimer, 1897.

6 **Boas,** „Beiträge zur Erkenntnis der Farbe des Wassers". Kiel 1881.

7 **Brown and Lidstone,** fifteen thousand miles on the Amazon and its tributaries. London 1878.

8 **Coudreau, H.**, „Voyage au Tapajoz". Paris 1897.

9 **Condamine, De la,** „Relation d'un voyage fait dans l'intérieur de l'Amerique Méridionale". Maëstricht 1778.

10 **Clauss, Otto,** „Die Xingu-Expedition von 1884". Berlin 1885.

11 **Darwin, Ch.**, „Naturalist's Voyage". London 1845.

12 **Eschwege, W. v.**, „Brasilien, die neue Welt, in topographischer, geognostischer, bergmännischer u. s. w. Hinsicht". Braunschweig 1830.

13 Derselbe, „Beiträge zur Gebirgskunde Brasiliens". Berlin 1832.

14 Derselbe, „Pluto Brasiliens". Berlin 1833.

15 **Forel, F. A.**, „Handbuch der Seenkunde". Stuttgart 1901.

16 **Grisebach, A.**, „Die Vegetation der Erde". Leipzig 1872.

17 **Gümbel, C. W.**, „Geognostische Beschreibung des ostbayr. Grenzgebirges". Gotha 1868.

18 Derselbe, „Geologie von Bayern". Cassel 1894.

19 **Günther, Sigmund,** „Handbuch der Geophysik". II. Bd. Stuttgart 1897.

20 Derselbe, „Lehrbuch der physischen Geographie". Stuttgart 1891.

21 Derselbe, „Geschichte der Entdeckungen im neunzehnten Jahrhundert". Berlin 1902.

22 **Gibbon,** Exploration of the Valley of Amazon. Washington 1853.

23 **Humboldt, A.**, „Ansichten der Natur". Deutsche Bearbeitung von Hermann Hauff. Cotta'sche Buchhandlung, Stuttgart.

24 **Humboldt, A.,** „Reise in die Äquinoktial-Gegenden". 3. u. 4. Band von Humboldts „gesammelten Werken". Deutsche Bearbeitung von Hermann Hauff. Stuttgart.

25 **Hann, J.,** „Handbuch der Klimatologie". Stuttgart, Verlag von Engelhorn, 1897. II. Bd. (II. Auflage.)

26 **Hömeyer,** „Beschreibung der Provinz Rio Grande do Sul". Coblenz 1854.

27 **Hoppe, Otto,** „Schweden in Wort und Bild". Breslau 1891.

28 **Hartt, C. F.,** Geol. and Phys. Geogr. of Brazil. 8°. Boston 1870.

29 **Herndon,** Exploration of the Valley of the Amazon. Washington 1853—54.

30 **Keller-Leutzinger,** „Vom Amazonas und Madeira". Stuttgart 1874. Karte.

31 **Kletke,** „Reise Sr. Königl. Hoheit des Prinzen Adalbert von Preussen nach Brasilien". Berlin 1857.

32 **Kloeden,** „Handbuch der physischen Geographie". 3. Aufl. Berlin 1873.

33 **Köppen, W.,** „Versuch einer Klassifikation der Klimate". Leipzig 1901.

34 **Lange, Henry,** „Südbrasilien". 2. Auflg. Leipz. 1888.

35 **Martin,** „Niederländ. Westindien". Leiden 1888.

36 **Metzger,** „Beiträge zur Kenntnis der hydrogr. Verhältnisse des bayr. Waldes". Inaug.-Dissertation. Erlangen 1892.

37 **Neumayr, Melchior,** „Erdgeschichte". Leipzig 1887.

38 **Ortor, Jam.,** „The Andes and the Amazon; or Across the Continent of South-America. 3 d Edition. Revised and enlarged, containing notes of second journey etc.". New-York 1876.

39 **Pohl, J. E.,** „Reise im Innern von Brasilien". 2. Tl. Wien 1832 u. 1837.

40 **Pöppig,** „Reise in Chile, Peru und auf dem Amazonas-Strom". Leipzig 1836.

41 **Reclus,** „Nouvelle Geographie universelle la terre et les Hommes". Paris 1895.

42 **Ratzel, Friedr.,** „Die Erde und das Leben". Leipzig u. Wien 1901.

43 **Ruge, S.,** „Geschichte des Zeitalters der Entdeckungen". Berlin 1881.

44 **Sellin, A. W.,** „Das Kaiserreich Brasilien". Leipzg. 1885.

45 **Segelhandbuch** für den Atl. Ozean, herausgegeben von der Seewarte. Hamburg.

46 **Sendtner, Otto,** „Die Vegetations-Verhältnisse Südbayerns". München 1854.

47 **Sievers, Wilh.,** „Amerika". Leipzig u. Wien 1891.

48 **Sievers, Wilh.,** „Afrika". Leipzig u. Wien 1891, 1901.

49 **Sievers, W.,** „Die Cordillere von Merida" nebst Bemerkg. über das Karib. Gebirge. Mit 1 geolog. Karte. Wien 1889.

50 **Soyka,** „Die Schwankungen des Grundwassers". Wien 1888.

51 **Supan,** „Grundzüge der phys. Erdkunde". Leipz. 1896.
52 **Suess, Eduard,** „Das Antlitz der Erde". Prag 1885.
53 **Schichtel,** „Der Amazonenstrom". Strassburg 1893.
54 **Schomburgk, Richard,** „Reisen in Britisch-Guiana in den Jahren 1840—1844". 2. Bd. Leipzig 1847.
55 **Schomburgk, Robert Hermann,** „Reisen in Guiana u. am Orinoco während der Jahre 1835—1839". Mit 1 Karte. Leipzig 1841.
56 **Spix u. Martius,** „Reise in Brasilien in den Jahren 1817—1820". 3 Tl. München 1823, 1828, 1831.
57 **Spring,** „Sur La Cause de L'Absence de Coloration De Certaines Eaux Limpides Naturelles". Brüxelles 1898.
58 **Späth,** „Beiträge zur Kenntnis der hydrog. Verhältnisse von Ofr." Mittlg. aus d. pharm. Institut u. Lab. für angew. Chemie der Univ. Erlangen von A. Hilger. II. Heft München.
59 **Steinen,** von den, „Durch Central-Brasilien". Leipzig, Brockhaus 1886.
60 **Schweinfurth, Georg,** „Im Herzen von Afrika". Reisen u. Entdeckungen im Centralen Äquatorial-Afrika während der Jahre 1868 bis 1871. Leipzig 1878.
61 **Tschudi,** „Reisen durch Brasilien". Leipzig, II. Bd. 1889.
62 **Ule, W.,** „Der Würmsee". Leipzig 1900.
63 **Wagner, Hermann,** „Lehrbuch der Geographie". Stuttgart 1891.
64 **Wied-Neuwied, Maximilian** Prinz zu, „Reise nach Brasilien" in den Jahren 1815—1817. Frankfurt 1820 u. 1821. 2. Bd.
65 **Wissmann, Hermann,** „Unter deutscher Flagge" quer durch Afrika von West nach Ost. Berlin 1889.

Zeitschriften:

1 Annalen der Physik und Chemie.
2 Annalen der Chemie und Pharmacie.
3 Das Ausland. Stuttgart.
4 Bulletin de la Société de Geographie. Paris.
(Abkürz.: Bull. S. G.)
5 Bulletin de l'academie royal belgique. Brüssel.
(Abkürz.: Bull. de l'acad. r. belgique.)
6 Bibliothek der Länderkunde Berlin.
7 Comptes-rendus de la Société de Geographie. Paris.
(Abkürz.: Compt. rend. S. G.)
8 Deutsche Rundschau für Geographie und Statistik. Wien.
9 Deutsche geographische Blätter.
(Abkürz.: D. geogr. Bl.)
10 Forstlich-naturwissenschaftliche Zeitschrift. München.
(Abkürz.: Forstl. Nat. Z.)

11 Geographische Zeitschrift. Herausgegeben von Alfred Hettner. Leipzig.
12 Geognostische Jahreshefte. München.
13 Geographisches Jahrbuch. (Gotha.)
14 Geographische Abhandlung. Wien u. Olmütz.
15 Globus. Braunschweig.
16 Jahresberichte der geogr. Gesellschaft in München. München.
17 Jahrbuch der Astronomie u. Geophysik. Leipzig.
18 „Journal of the Royal Geographical Society". London.
(Abkürz.: R. G. S.)
19 Mitteilungen der geogr. Gesellschaft zu Hamburg. Hamburg.
20 Natur, die; Zeitschrift zur Verbreitung naturwissenschaftl. Kenntnisse. Halle.
21 Proceedings of the Royal Geographical Society. London.
(Abkürz.: R. G. S.)
22 Petermann's Mitteilungen. Ergänzungsband.
(Abkürz.: P. E.)
23 Petermann's Mitteilungen.
(Abkürz.: P. M.)
24 Sitzungsberichte der Kgl. bayr. Akademie der Wissenschaften, math.-phys. Klasse.
25 Verhandlungen der Gesellschaft für Erdkunde. Berlin.
26 Zeitschrift der Gesellschaft für Erdkunde. Berlin.
27 Zeitschrift des „Österr. Alpenvereins". Berlin.
28 Zeitschrift für allgemeine Erdkunde. Berlin.

Gütige Mitteilungen

von den Südamerika-Forschern:

1. Dr. Karl von den Steinen, 2. Dr. Paul Ehrenreich, 3. Dr. Otto Clauss, 4. Dr. Peter Vogel, 5. Dr. Katzer.

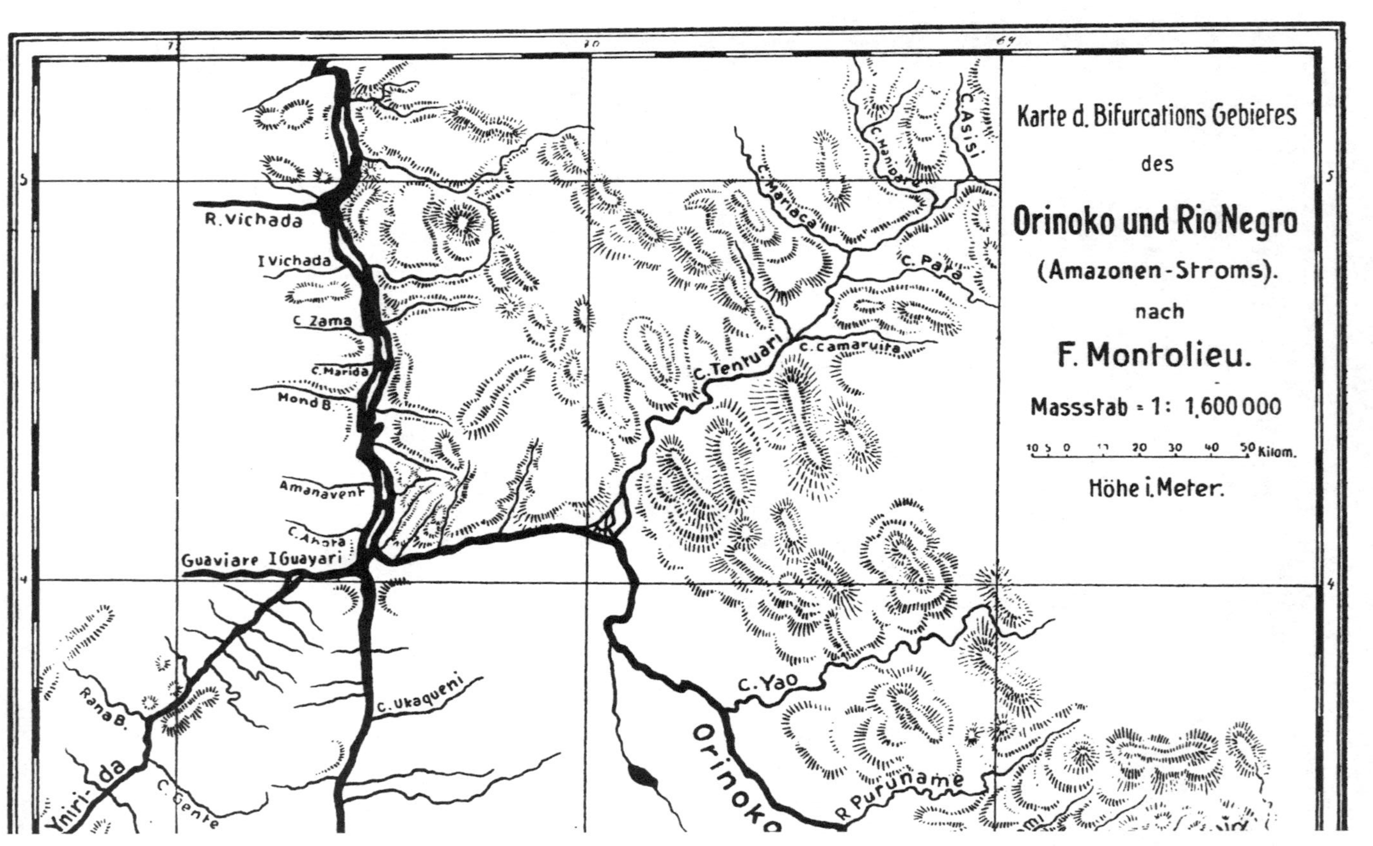

Karte d. Bifurcations Gebietes
des
Orinoko und Rio Negro
(Amazonen-Stroms).
nach
F. Montolieu.
Massstab = 1: 1,600000
10 5 0 10 20 30 40 50 Kilom.
Höhe i. Meter.
C. Asisi
C. Maniopare
C. Mariaca
C. Para
C. Camaruita
C. Tentuari
R. Vichada
I Vichada
C. Zama
C. Marida
Mond B.
Amanavent
C. Ahora
Guaviare I Guayari
C. Ukaqueni
C. Yao
Orinoko
R. Puruname
Rana B.
Yniri-da
C. Gente

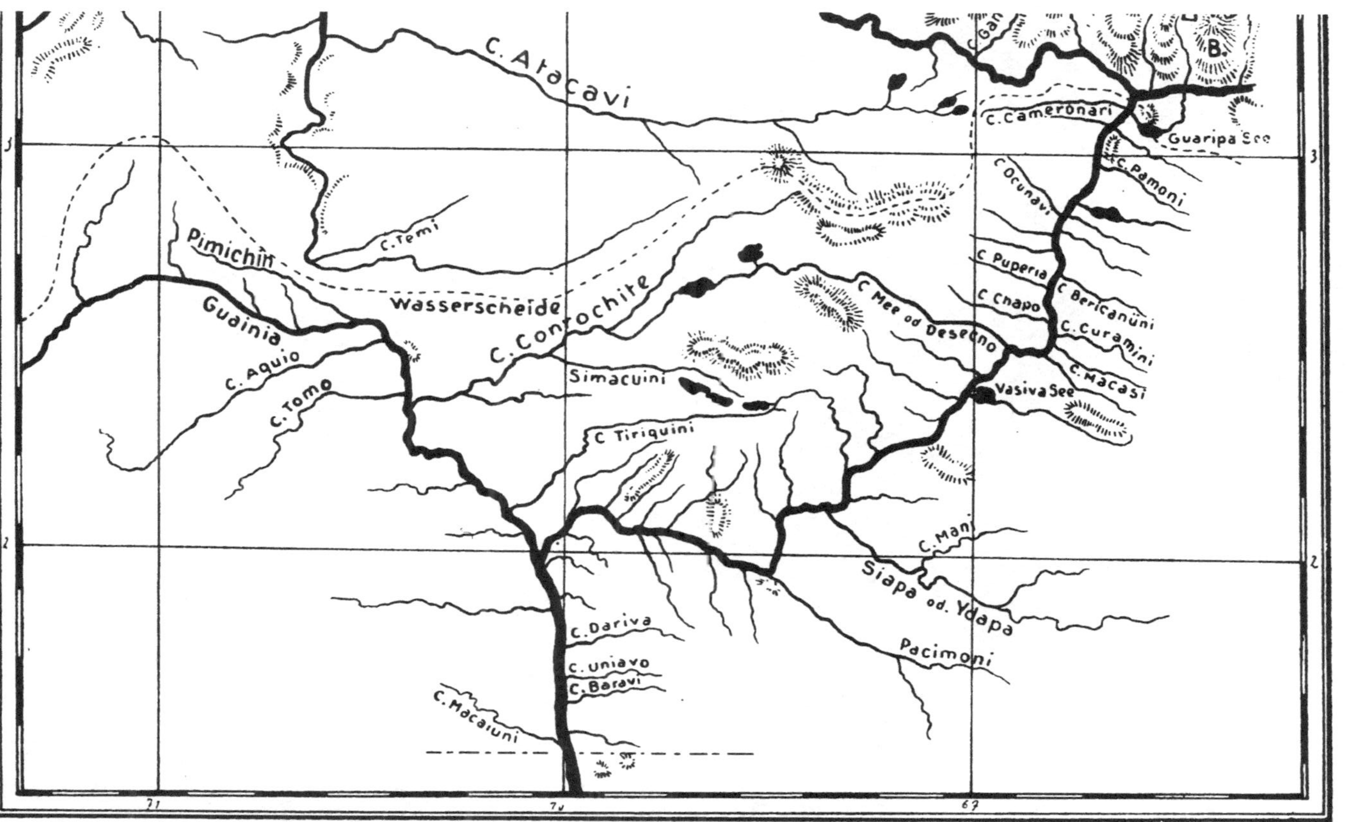
C. Atacavi
C. Cameronari
Guaripa See
B.
C. Ocunavi
C. Pamoni
C. Temi
Pimichin
Wasserscheide
C. Conrochite
Guainia
C. Aquio
C. Tomo
Simacuini
C Mee od Desecno
C Puperia
C Chapo
C Bericanüni
C. Curamini
C. Macasi
Vasiva See
C Tiriquini
C. Mani
Siapa od. Ydapa
Pacimoni
C. Dariva
C. Uniavo
C. Baravi
C. Macaiuni
3
2
71
70
67

Zeitfracht Medien GmbH
Ferdinand-Jühlke-Straße 7
99095 Erfurt, Deutschland
produktsicherheit@kolibri360.de